重庆市科委科普资助项目

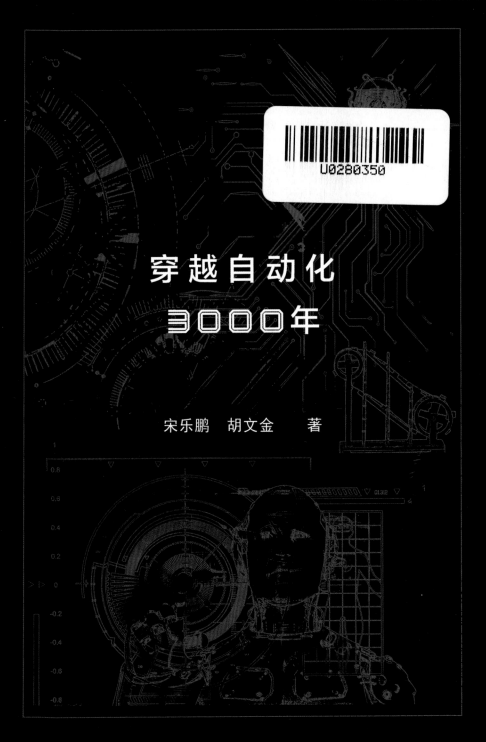

穿越自动化

3000年

宋乐鹏　胡文金　著

重庆大学出版社

内容提要

《穿越自动化 3000 年》是一本全面介绍自动化发展历史的入门书。本书以中国自动化发展历史和世界自动化发展历史为主线,用一个个生动的故事,图文并茂、深入浅出地介绍了自动化发展历史中各个时期的典型自动化应用案例和其基本原理,并介绍了在中国近现代自动化领域中做出杰出贡献的科学家。本书可作为本科、专科学校自动化专业、电气自动化专业、测控技术与仪器等专业一年级新生"自动化学科概论"课程的教材,也可作为系统了解自动化发展历史的参考材料,供自动化学科教学与研究人员以及其他关心自动化学科的人士参考,还可作为科普读物,供广大自动化爱好者参考。

图书在版编目(CIP)数据

穿越自动化 3000 年 / 宋乐鹏,胡文金著 . --重庆:重庆大学出版社,2019.6
ISBN 978-7-5689-1145-0

Ⅰ.①穿⋯ Ⅱ.①宋⋯②胡⋯ Ⅲ.①自动化—技术史 Ⅳ.①TP1-091

中国版本图书馆 CIP 数据核字(2018)第 124606 号

穿越自动化 3000 年

宋乐鹏 胡文金 著
策划编辑:周 立
责任编辑:周 立   版式设计:周 立
责任校对:刘 刚   责任印制:张 策

*

重庆大学出版社出版发行
出版人:易树平
社址:重庆市沙坪坝区大学城西路 21 号
邮编:401331
电话:(023)88617190   88617185(中小学)
传真:(023)88617186   88617166
网址:http://www.cqup.com.cn
邮箱:fxk@cqup.com.cn(营销中心)
全国新华书店经销
重庆长虹印务有限公司印刷

*

开本:787mm×1092mm   1/16   印张:12.75   字数:178 千
2019 年 6 月第 1 版   2019 年 6 月第 1 次印刷
印数:1—2 000
ISBN 978-7-5689-1145-0   定价:68.00 元

前　言

　　自动化广泛应用于工业、农业、交通、国防、商业、医疗、航空航天和家庭等各个领域。我们经常听说的自动洗衣机、自动洗碗机等就是自动化技术在家电领域中的应用；自动灌溉就是自动化技术在农业领域的应用。自动化无处不在，对改善人类生存环境和人们的生活具有重要的作用。自动化使我们的生活与工作更加方便和高效、省心和省力；自动化使生产过程的效率更高、成本更低、质量更好，且着地降低能源和原材料消耗，减小对环境的影响和实现可持续发展；自动化帮助人类翱翔太空、探测深海，实现"九天揽月"和"五洋捉鳖"；自动化帮助人们处理危险品、爆炸物、核废料；自动化助推人造卫星的发射升空与运行，带给人类全球通信等。

　　机器延伸了人的四肢，计算机延伸了人的大脑，传感器及检测技术延伸了人的感官，通信技术延伸了人的神经传导和信息传递功能，而自动化则全面提升和扩展了人的功能。早期的自动化使人类从体力上获得了解放，现代的自动化则已发展为综合自动化，可以自动完成分析、设计、计算、优化、协调、决策等，从而使人不仅从体力上，也从脑力上获得了很大程度的解放。

　　自动化的发展历程源远流长。从远古的漏壶和计时容器到公元前的水利枢纽工程；从中世纪的钟摆、天文望远镜到工业革命的蒸汽机、蒸汽机车和蒸汽轮船;从百年前的飞机、汽车和电话通信到半个世纪前的电子放大器和模拟计算机;从"二战"期间的雷达和火炮防空网到冷战时期的卫星、导弹和数字计算机;从 20 世纪 60 年代的登月飞船到现代的航天飞机、宇宙和星球探测器,这些著名的人类科技发明直接催生和发展了自动控制技术。自动化源于实践,服务于实践,在实践中升华。经过千百年的锤炼,尤其是近半个世纪工业实践的普遍应用,自动化技术已经成为人类科技文明的重要组成部分,在日常生活中不可或缺。随着智能制造业的兴起、信息技术的普及和人工智能科学的发展,自动化技术的发展与应用将进入一个全新的时代。

本书通过一系列自动化的历史事件和案例典故介绍了自动化的发展历史。本书的出版得到重庆市科委科普项目基金的资助;在编写过程中参考了大量的文献和网站资源;在资料收集、文字编辑和校对过程中,张海燕和董春林给予大力协助,在此一并表示衷心感谢。但限于编者的水平,不当之处在所难免,恳请读者批评指正。

本书配有视频二维码及立体化开发资源。

编 者

2019 年 1 月

目　录

第 *1* 章 中国自动化发展历史

概　述

中国自动化技术的发展源远流长。在古代，我国自动化应用处于世界领先水平，并取得了举世瞩目的成就，为后来自动化的发展奠定了基础。自动化发展影响着我们生活的方方面面，自动化发展成果是中国劳动人民勤劳、勇敢、智慧的结晶。正是由于自动化的发展，才使我国的科技、军事、经济等具有快速发展的驱动力。

1.1　周朝的水钟

周朝的水钟

《周礼·夏官》中有"挈壶氏""掌挈壶以令军井""凡军事悬壶以序聚柝""皆以水火守之"等记载。由此可见，我国早在 3 000 多年前就已经有自动计时装置——漏壶，如图 1.1 所示。"挈壶氏"是当时周朝的计时官员名，"掌挈壶以令军井"说明漏壶主要用来行军打仗的计时，"皆以水火守之"其中的"水守"是指在壶旁备水，需要时往壶里添加；"火守"有两方面的意义，一是夜间用火照明以观察刻度，二是冬天以火温水，防止冻结。漏壶的计时原理如下：在漏壶中装水并放一把标尺，在漏壶下面放一个容器接水，通过液位的下降，对应标尺上的刻度来度量时间，如图 1.2 所示;或者在下面的容器中放一把标尺,通过液面的上升来度量时间,如图 1.3 所示。若要漏壶计时装置计时准确,必须保证漏液是匀速滴落,液面匀速变化,但是在液面靠上降得快,液面靠下降得慢,不是匀速改变液面的。在此基础上我国古人又改进了漏壶装置,采用多级漏壶计时装置,进一步提高计时的精度,如图 1.4 所示。多级漏壶计时装置工作原理:除了最下面的那个装置,每个壶的底部都有一个小眼。水从最高的壶里,经过下面的各个壶滴到最低的壶里,滴得又细又均匀。最低的壶里有一个铜人,手里捧着一支能够浮动的木箭,壶里水多了,木箭浮起来,根据上面的刻度,就可以知道时间。

图 1.1　漏壶

图 1.2　以下液位为主的漏壶计时原理图

图 1.3　以上液位为主的漏壶计时原理图

图 1.4　多级漏壶计时装置

1.2　秦王朝时的都江堰

　　早在战国时期,秦王嬴政之所以能统领当时世界上最为庞大的百万军团,平诸侯、扫六国、统一中国,其中一个极其重要的原因就是有都江堰浇灌的成都平原,有这个作为秦国富饶的大后方、大粮仓。都江堰是战国时期秦国修建的,两千多年前,秦国怎么会想到在连绵险峻的秦岭之南、千里之外的蜀国之地,修筑一个前所未有的水利工程呢? 为什么同时代的各种工程中,唯有它两千年来仍能发挥作用呢? 为什么当年的秦军能够战无不胜、攻无不克,能够与民风强悍、骁勇善战的赵人一仗打上三年,能够对地大物博、人口众多的楚国展开举国之战,一个重要的原因,就是秦国有富饶的关中平原和成都平原,拥有源源不断的粮食。然而,古代的成都平原并不是一个让人垂涎三尺的"天府之国",而是一个水旱灾害十分严重的地方。当年刀兵蜂起、战乱频仍,饱受战乱之苦的人民,渴望中国尽快统一。此时,经过商鞅变法改革的秦国一时名君贤相辈出,国势日盛。他们正确认识到巴、蜀在统一中国过程中特殊的战略地位,"得蜀则得楚,楚亡则天下并矣"。在这一历史大背景下,战国末期秦昭王委任知天文、识地理、隐居岷峨的李冰为蜀郡太守。李冰上任后,首先下决心根治岷江水患,发展川西农业,造福成都平原,为秦国统一中国奠定了经济基础。

　　都江堰位于四川省成都市都江堰市城西,坐落在成都平原西部的岷江上,始建于秦昭王末年(公元前 256—前 251 年),是蜀郡太守李冰父子在前人鳖灵开凿的基础上组织修建的大型水利工程,由分水鱼嘴、飞沙堰、宝瓶口等部分组成,如图 1.5 所示,两千多年来一直发挥着防洪灌溉的作用,使成都平原成为水旱从人、沃野千里的"天府之国",至今灌区已达 30 余县市,面积近千万亩,是全世界迄今为止,年代最久、唯一留存、仍在一直使用、以无坝引水为特征的宏大水利工程,凝聚着中国古代劳动人民勤劳、勇敢、智慧的结晶。都江堰充分体现和实践了自动化的思想。

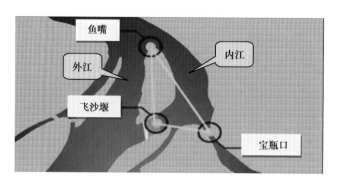

图 1.5　都江堰主体组成示意图

　　号称"天府之国"的成都平原，在古代是一个水旱灾害十分严重的地方。李白的《蜀道难》这篇著名的诗歌中的"蚕丛及鱼凫，开国何茫然"，就是那个时代的真实写照，足可见其是何等凄凉。这种状况是由岷江和成都平原"恶劣"的自然条件造成的。

　　据《水经注》记载，"李冰作大堰于此……是以蜀人旱则藉以为溉，雨则不遏其流。"秦昭王五十一年（公元前256年），秦国蜀郡太守李冰和他的儿子，吸取前人的治水经验，率领当地人民，主持修建了著名的都江堰水利工程。由于当时还未发明火药，李冰便以火烧石，使岩石爆裂，终于在玉垒山凿出了一个宽20米，高40米，长80米的山口，取名宝瓶口，如图1.6所示。

图 1.6　都江堰宝瓶口

　　宝瓶口引水工程完成后,虽然起到了分流和灌溉的作用,但因江东地势较高,江水难以流入宝瓶口,为了使岷江水能够顺利东流且保持一定的流量,并充分发挥宝瓶口的分洪和灌溉作用,修建者李冰在开凿完宝瓶口以后,又决定在岷江中修筑分水堰,将江水分为两支:一支顺江而下,另一支被迫流入宝瓶口。由于分水堰前端的形状好像一条鱼的头部,所以被称为"鱼嘴",如图 1.7 所示。

图 1.7　都江堰鱼嘴

为了进一步控制流入宝瓶口的水量,起到分洪和减灾的作用,防止出现灌溉区的水量忽大忽小、不能保持稳定的情况,李冰又在鱼嘴分水堤的尾部,靠着宝瓶口的地方,修建了分洪用的平水槽和"飞沙堰"溢洪道,以保证内江无灾害,溢洪道前修有弯道,江水形成环流,江水超过堰顶时洪水中夹带的泥石便流入到外江,这样便不会淤塞内江和宝瓶口水道,故取名"飞沙堰",如图 1.8 所示。

图 1.8 都江堰飞沙堰

　　都江堰有四大功能：自动分水、自动排沙、自动泄洪、自动控制进水量。

　　鱼嘴的自动分水：鱼嘴把岷江分为内江和外江，内江灌溉成都平原，外江江水流向长江，内江地势低、江面窄，外江地势高、江面宽，如图 1.9 所示。旱季水量少，水往低处流，内江大约有 60% 的水，外江大约有 40% 的水；雨季时，由于外江宽，大约 60% 的水流入外江，40% 的水流入内江。

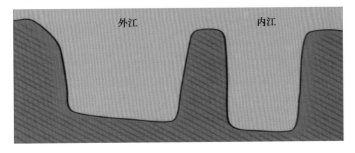

图 1.9　都江堰内外江示意图

　　自动排沙：通过流体力学的原理，表面的水流向凹岸，底部的水流向凸岸。表面水比较清澈，流向内江，底部的水和沙石流向外江，80% 的沙石被外江带走，达到自动排沙的效果。

　　飞沙堰自动泄洪：在雨季由于宝瓶口的口比较小，只能控制一定的水量进入，大量的水从外江流出，内江的水较多时，多余的水由飞沙堰排出。在旱季，由于水量不足，飞沙堰不能排水，内江的水全部排进宝瓶口用于灌溉成都平原。飞沙堰也有自动排沙的能力。

　　自动控制进水量：由于宝瓶口的进水口宽度一定，不管水量多大，进入宝瓶口的水量一定，多余的水量由飞沙堰排出进入长江，如图 1.10 所示。这样既保证了成都平原的灌溉，也避免了洪涝灾害的发生，给成都平原带来了巨大的经济效益。

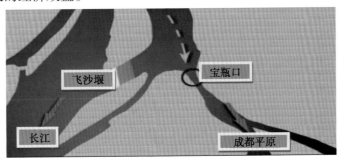

图 1.10　飞沙堰、宝瓶口示意图

7

1.3　记里鼓车

在汉朝，一些交通运输的事情由公车司马令管理，他们根据官署里挂着的洛阳到各郡的里程表来计算距离。可是由于里程大多是估计出来的，没有经过实地测量，往往因此产生许多问题。

有一次，汝南郡（现在河南省上蔡县东南）贡献一批礼品给皇帝，雇马车送到洛阳来，在计算运费时，押车的官员和马车夫吵起来了。官员要按公车司令官署公布的里程表计算运费，马车夫却认为这个里程数字太低，不符合实际情况。张衡也听到一些官员对里程不合实际情况的议论。他想，应该把通往各郡的里程实地测量一下才好，不能老是用估计数字。当时测量里程的工具叫作"弓"，这弓的样子和射箭的弓差不多，也装一根弦，但弦是木制的，没有弹性，不能射箭。弓的两只脚张开，相距刚巧 5 尺。测量的时候，把弓的一只脚放在起点，另一只脚向前。此后两脚交替向前，每量一弓是 5 尺，量 360 弓是 180 丈，也就是 500 米。这办法显然太麻烦，测量短距离勉强可用，测量长距离就不行了。应该想一个更好的办法。

有一天，他手下有位官员提议说："用车轮量路是个好办法。如果车轮圆周是 6 尺，那么它在路上转 300 个圈子就是一里。"张衡高兴地说："好主意！可是怎样计算车轮转动的圈数呢？"这个问题又在他的脑海里运转了。终于，他又想到齿轮了。他想：如果在车轮的轴上装一只小齿轮，圆周一尺，铸 10 个齿；这个小齿轮的齿套着一个平放的大齿轮的齿。大齿轮圆周一丈，铸 100 个齿。这样，车轮每转一圈，小齿轮跟着转一圈，大齿轮只转十分之一圈。大齿轮转一圈，就说明车轮转了 10 圈。想到了这个办法，接下来的问题就容易解决了。大齿轮的轮轴上装一个圆周一尺的小齿轮，套着一个圆周 6 尺的中齿轮，那么中齿轮转一圈，岂不是大齿轮转 6 圈，而车轮就转了 60 圈吗？再照这办法，6 尺齿轮的轮轴上装一个一尺齿轮，让它套着一个圆周 5 尺的中齿轮。于是，5 尺中齿轮转一圈，一丈大齿轮就转了 30 圈，而车轮就转了 300 圈！如果车轮的圆周是 6 尺，300 圈正好是一里。

　　他继续设计,又在车顶上装置一面鼓,另外装上两个相对的小木人,每个小木人手里拿一根小鼓槌。圆周 5 尺齿轮每转一周,就拉动一个小机关,使两个小木人同时打一下鼓。坐在车上的人,每听到一次鼓声,就在一块板上划一画,表示走了一里。走了一段距离以后,只要计算划数,就知道是多少里了。张衡给这种车取名为"记里鼓车"。

　　就是这样,1 800 年前的西汉,杰出的科学家张衡发明了举世闻名的记里鼓车。据记载,记里鼓车分上下两层,上层设一钟,下层设一鼓。记里鼓车上有小木人,头戴峨冠,身穿锦袍高坐车上,如图 1.11 所示。每当车行一里时,小木人就会自动击鼓一下,由击鼓的次数就可以了解已行走了多少路程。

图 1.11　记里鼓车

　　记里鼓车的基本原理和指南车相同,也是利用齿轮机构的差动关系。《宋史·舆服志》记载比较详细,大体说记里鼓车外形是独辕双轮,车厢内有立轮、大小平轮、铜旋风轮等,轮周各出齿若干,"凡用大小轮八,合 285 齿,递相钩锁,犬牙相制,周而复始。"记里鼓车行一里路,车上木人击鼓,行十里路,车上木人击镯。

记里鼓车的记程功能是由齿轮系完成的,如图 1.12 所示。车中有一套减速齿轮系,始终与车轮同时转动,其最末一只齿轮轴在车行一里时正好回转一周,车子上层的木人受凸轮牵动,由绳索拉起木人右臂击鼓一次,以示里程。

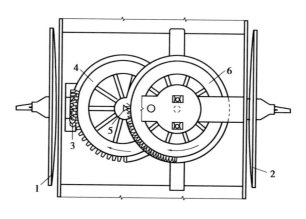

图 1.12　记里鼓车结构示意图

1—左足轮;2—右足轮;3—立轮;4—下平轮;5—旋风轮;6—中平轮

10　　　记里鼓车的结构:车轮的圆周长 1 丈 8 尺。车轮转一圈,则车行 1 丈 8 尺。古时以 6 尺为一步,则车轮转一圈车行 3 步。立轮附于左车轮,并与下平轮相吻合。立轮齿数为 18,而下平轮齿数为 54,所以前者转一圈,后者才转 1/3 圈。铜旋风轮与下平轮装在同一贯心竖轴之上,并与中平轮相吻合。铜旋风轮的齿数为 3,而中平轮的齿数为 100;所以前者转一圈,后者才转 3/100 圈,小轮与中平轮装在同一贯心竖轴之上,并与上平轮相吻合。小轮齿数为 10,而上平轮齿数为 100,所以前者转一圈,后者才转 1/10 圈。

车行一里(即为 300 步)车轮和立轮都转 100 圈,下平轮和铜旋风轮才 3/100 圈,而上平轮才转 1/10 圈。也就是说,行车一里,铜旋风轮与下平轮所装的贯心竖轴(1)才转一圈;行车十里,小轮与中平轮所装的贯心竖轴(2)才转一圈。而在这两个竖轴上,还各附装一个拨子。因此,行车一里,竖轴 B 上的拨子便拨动上层木偶击鼓一次;行车十里,竖轴 A 上的另一拨子便拨动下层木偶击鼓一次,如图 1.13 所示。

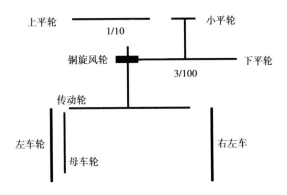

图 1.13　记里鼓车齿轮系统结构示意图

1.4　扬谷机

收获的小麦或稻谷往往混有一定量的空壳,通过人为地筛摇可以去除其中的空壳,但需要大量的人力,而且效率很低。扬谷机是一种用于去除稻谷或小麦空壳的风扇车,又称风柜、扇车、飏车、扬车、扬扇、扬谷器。公元前 2 世纪,古代汉族劳动人民发明了旋转式扬谷扇车,如图 1.14 所示。到 18 世纪初,西方才有了扬谷扇车,比中国晚了两千年左右。

11

图 1.14　旋转式扬谷扇车

到公元前 2 世纪,中国古代人们发明了旋转式风扇车(即所谓飏车),其模型已在古墓中发现,用陶制成,带有小型工件,可以去除稻谷或小麦中的空壳或稻谷剥米产生的糠秕。风扇车的风扇安装之处有一个相对较小的进风口,末端有一个相对较大的排风孔。在加料斗中倒入稻谷、小麦或米糠混合物,由于混入其中的空壳或糠秕相对较轻,受到曲柄摇动的风扇产生的气流吹扫,空壳或糠秕通过排风口吹落到地上,如图 1.15 所示,籽粒相对较重,则只能落到飏车中部外侧下面的盛器(如箩、筐等)里。后来,又推出了一种轻便式的旋转式风扇车(轻便飏车)。这是一项重要的改进,因为原来的飏车很昂贵,而轻便式的飏车可以出租,使其物主能够收回成本。还有一种飏车,不是通过人工手摇的小曲柄来操作,而是通过与曲柄相连的踏板来操作,这样,操作人员就可以腾出手来同时干其他的活。

图 1.15　飏车

　　旋转式扬谷扇车是使空气流动的机械,以人力为动力源,其功能是将经过舂、碾后的糠、麸,或经过脱粒、晾晒后的秕、草除去,是粮食加工的最后工序。历史上,扇子是人类用以生产气流的最早工具。古代官宦豪门之家,有夏季降温之轮扇,是将扇叶装于轮轴上,人转动轴,即产生强大气流。若将轮扇装入箱体内,即成风扇车。旋转式扬谷扇车综合利用流体力学、惯性、杠杆等原理,人为地强制空气流动,在世界农具史上曾是"高新科技"。飏车主要在中国南方使用,用于扬稻。尽管飏车最初是在北方发明的,用于除去小麦和小米的壳,但在几个世纪以后,传到了南方。然而在北方,出于各种经济原因,这种农具却被人遗忘了。由于买不起飏车,许多农民重新使用传统的扬谷法、簸谷法和筛谷法。

　　宋梅尧臣《和孙端叟寺丞农具十五首其二扬扇》记载:"白扇非团扇,每来场圃见。因风吹糠粃,编竹破筘箭。任从高下手,不为暄寒变。去粗而得精,持之莫肯倦。"旋转风扇车于公元1700年至公元1720年由荷兰船员带到欧洲。显然他们是从当时荷属东印度群岛(今印尼)爪哇的巴塔维亚(今雅加达)荷兰移民那里得到的。大约在这个时期,瑞典人直接从我国南方进口了这种飏车。公元1720年左右,耶稣会传教士也从中国把几台飏车带到了法国。而在此之前,主要是用扬谷和用簸箕簸谷。据估计,公元18世纪前,欧洲常用的最先进的簸谷工具是簸箕,如果由一位行家来干,每小时可簸谷45千克。公元18世纪,瑞典人仔细观察了他们运到哥德堡的我国造的飏车,他们惊奇地发现,它一天能加工17桶谷(按:一桶约等于1.6立方米)。欧洲的工程师雷厉风行地改进了设计,使之适合于欧洲谷粒的大小,并使之与机器打谷结合起来,如图1.16所示。

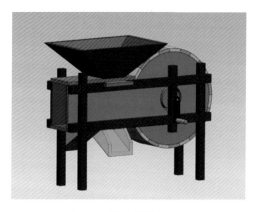

图 1.16　西方扬谷机模型

1.5　水排

水排是中国古代汉族劳动人民的一项伟大发明,是机械工程史上的一大发明,早于欧洲一千多年。建武七年(公元 31 年),汉朝人杜诗创造了利用水力鼓风铸铁的机械水排,如图 1.17 所示。

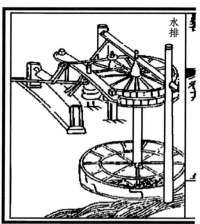

图 1.17　水排冶铁示意图

杜诗是河南汲县人,在建武七年(公元 31 年)担任南阳太守时,创造了水排(水力鼓风机)。他还主持修治陂池,广开田池,使郡内富庶起来。杜诗因此受到百姓的爱戴,南阳人称赞说:"前有召父(召信臣),后有杜母。"《水经注》记载："白超垒侧旧有坞,故冶官所在,魏、晋之日,引谷水为冶以经国用,遗迹尚存。"

　　水排的历史记载最早见于《后汉书·杜诗传》"……建武七年(31),迁南阳太守……造作水排,铸为农器,用力少,而见功多,百姓便之。……冶铁者为排吹炭,今激水鼓之也。"这说明东汉建武七年河南南阳地区,首先使用了这种先进技术。南阳自战国时,就是著名的冶铁基地。汉武帝曾在此设铁官,据考证,南阳郡内有汉代冶铁和铸造作坊 5 至 7 处,从事冶铁者世代相传,在鼓风冶铸方面积累了丰富经验。在水排之前,早已使用水碓舂米,杜诗正是总结了这些经验发明了水排。水排是利用水力进行鼓风的冶铁设备。王祯《农书》记载的水排构造是,在一立轴上,做上下二卧轮,用水激转下轮,则上轮用绳套带动另一个小轮,在小轮上装一个曲柄,再由一个连杆和另一个曲柄传到一个卧轴,经攀耳以及排前直木,则排(木排)随来去,将风鼓进炼炉,如图 1.18 所示。

图 1.18　水排

15

　　选择湍急的河流的岸边,架起木架,在木架上直立一个转轴,上下两端各安装一个大型卧轮,在下卧轮(水轮)的轮轴四周装有叶板,承受水流,是把水力转变为机械转动的装置;在上卧轮的前面装一鼓形的小轮("旋鼓"),与上卧轮用"弦索"相连(相当于传送皮带);在鼓形小轮的顶端安装一个曲柄,曲柄上再安装一个可以摆动的连杆,连杆的另一端与卧轴上的一个"攀耳"相连,卧轴上的另一个攀耳和盘扇间安装一根"直木"(相当于往复杆)。这样,当水流冲击下卧轮时,就带动上卧轮旋转。由于上卧轮和鼓形小轮之间有弦索相连,因此上卧轮旋转一周,可使鼓形小轮旋转几周,鼓形小轮的旋转又带动顶端的曲柄旋转,这就使得和它相连的连杆运动,连杆又通过攀耳和卧轴带动直木往复运动,使排扇一启一闭,进行鼓风。汉代水排较简单,排囊是当时的冶铸鼓风器,外部用皮革制成,内部用木环做骨架,体上用吊杆挂起,以便推压鼓风。其构造是在一横轴的顶端做一竖轮,然后在横轴中间置一拨子,水激竖轮转动横轴,使木拨子推动连杆和一个曲柄及囊前的从动杆使皮囊推压鼓风。中国历史博物馆根据《后汉书·杨璇传》和山东滕州出土的东汉画像石刻复原了东汉的冶铁水排(排囊),并在中国通史陈列中展出,如图 1.19 所示。

图 1.19　水排模型

这种水排是一个完全自动化的装置,它通过水流来提供动能,然后通过同轴的两个转轮转化为对皮囊的推力,使皮囊对冶铁炉鼓风。这个装置解放了人力,大大提高了冶炼的效率,是劳动人民智慧的结晶。

1.6　漏水转浑天仪

　　张衡(公元 78—139 年)，字平子，南阳西鄂(今河南南阳市石桥镇)人，是中国东汉时期伟大的天文学家、数学家、发明家、地理学家、文学家，与司马相如、扬雄、班固并称汉赋四大家，在东汉历任郎中、太史令、侍中、河间相等职。晚年入朝任尚书，于永和四年(139 年)逝世，享年六十二岁。张衡为中国天文学、机械技术、地震学的发展作出了杰出的贡献，发明了浑天仪、地动仪，是东汉中期浑天说的代表人物之一。被后人誉为"木圣"(科圣)。

　　张衡从小就爱思考问题，对周围的事物总要寻根究底，弄个水落石出。在一个夏天的晚上，张衡和爷爷、奶奶在院子里乘凉，他坐在一张竹床上，仰着头，呆呆地看着天空，还不时举手指指划划，认真地数星星。张衡对爷爷说："我数的时间久了，看见有的星星位置移动了，原来在天空东边的，已偏到西边去了。有的星星出现了，有的星星又不见了。它们是不是在跑动?"爷爷说道："星星确实是会移动的。你要认识星星，先要看北斗星。你看那边比较明亮的七颗星，连在一起就像一把勺子，很容易找到。""噢!我找到了!"小张衡兴奋地又问道："那么，它是怎样移动的呢?"爷爷想了想说："大约到半夜，它就移到上面;到天快亮的时候，这北斗就翻了一个身，倒挂在天空。"这天晚上，张衡一直睡不着，好几次爬起来看北斗星。当他看到那排成勺子样的北斗星果然倒挂着，他非常高兴! 心想:这北斗星为什么会这样转来转去，是什么原因呢? 天一亮，他便赶去问爷爷，谁知爷爷也讲不清楚。于是，他带着这个问题，读天文书去了。

　　后来，张衡长大了，皇帝得知他文才出众，把张衡召到京城洛阳担任太史令，主要掌管天文历法方面的事务。为了探明自然界的奥秘，年轻的张衡常常一个人关在书房里读书、研究，还常常站在天文台上观察日月星辰。他创立了浑天说，并根据浑天说的理论，制造了浑天仪。这个大铜球装在一个倾斜的轴上，利用水力转动，它转动一周的速度恰好和地球自转一周

17

的速度相等。而且在这个人造的天体上,可以"准确地"看到太空的星象。

　　漏水转浑天仪是一种用漏水推动的水运浑象,可以用来实现天体运行的自动仿真,如图 1.20 所示。南京青奥会开幕式利用漏水转浑天仪引燃圣火。据记载,东汉杰出科学家张衡观测记录了两千五百颗恒星之后,创制了世界上第一架能比较准确地表演天象的漏水转浑天仪,漏水转浑天仪是世界上第一架用水力发动的天文仪器。中国现存最早的浑天仪制造于明朝,陈列在南京紫金山天文台。这个大铜球装在一个倾斜的轴上,利用水力转动,它转动一周的速度恰好和地球自转一周的速度相等。而且在这个人造的天体上,可以"准确地"看到太空的星象。漏水转浑天仪可以完整地演示浑天说思想。它对中国后来的天文仪器影响很大,唐宋以来就在它的基础上发展出更复杂、更完善的天象表演仪器和天文钟。远在一千八百多年前,中国古人就可以造出如此复杂的仪器,这是很值得自豪的。但是,这套复杂的传动系统因为年代久远没有能够流传下来。

图 1.20　漏水转浑天仪

　　漏水转浑天仪用一个直径四尺多的铜球,球上刻有二十八宿、中外星官以及黄赤道、南北极、二十四节气、恒显圈、恒隐圈等,成一浑象,再用一套转动机械,把浑象和漏壶结合起来,如图 1.21 所示。以漏壶流水控制浑象,使它与天球同步转动,以显示星空的周日视运动,如恒星的出没和中天等。它还有一个附属机构即瑞轮冥荚,是一种机械日历,由传动装置和浑象相连,从每月初一起,每天生一叶片;月半后每天落一叶片。

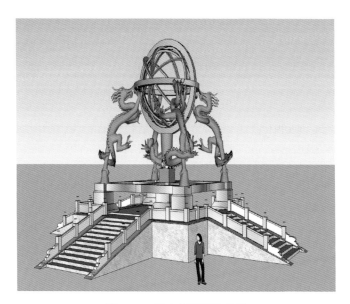

图 1.21　漏水转浑天仪模型

　　浑天仪是浑仪和浑象的总称,浑象是用来演示天象的仪表。张衡将浑象与漏壶相结合,利用水力推动,使浑象自动与天球同步运转,演示天体运动,功能类似现代的天球仪,如图 1.22 所示。

图 1.22　漏水转浑天仪

1.7 候风地动仪

东汉时期,地震比较频繁,从公元96—125年的30年中,就曾发生了23次比较强烈的地震,震区有时达到几十个郡。

公元132年(汉顺帝阳嘉元年),科学家、文学家张衡发明制造了世界上第一台测定地震方位的仪器——候风地动仪,如图1.23所示,并安置在都城洛阳,起初,朝中官员都不相信这台地动仪能够测出地震的方向。凑巧的是,公元138年3月1日(汉永和三年二月初三日),突然地动仪朝向西北方向的钢球落了下来,掉进仪器下面的蟾蜍口里。可是,洛阳居民谁也没有感觉到地震。几天后,陇西驿者日夜奔驰来京师,报告陇西地震,二郡山崩(震级约为6.5级),陇西正好在洛阳的西北方向。在事实面前,大家都不得不承认候风地动仪的灵验,佩服张衡的发明。相隔1 700多年,欧洲人才制造出"第一台"地动仪。在中国科学史上,没有什么比候风地动仪更为引人注目。

图1.23 候风地动仪

《后汉书·张衡传》详细记载了张衡的这一发明。候风地动仪用精铜制作而成,圆径八尺,合当今1.8~1.9米,其外形像一个酒樽。地动仪里面有精巧的结构,主要为中间的都柱和它周围的八套牙机装置。候风装置候风摆的周围与 8 组牙机机械装置之一部关相互靠近,此处为底座上的沟槽,叫八道,如图 1.24 所示。

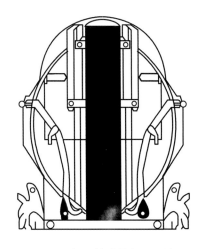

图 1.24　候风地动仪复原设计图

　　候风地动仪工作原理:候风摆运动到关的位置触发牙机,就是记载的"施关发机"(施读音易四声),再机发吐丸。在樽的外面相应地设置 8 个龙首,口含小铜丸,每个龙头下面都有一只蟾蜍张口向上。如果有地震被感应到,都柱之内候风摆则轻微摆动,此即可触发牙机。使相应的龙口张开,小铜珠即落入蟾蜍口中,由此便可知道地震发生的时间和方向,如图 1.25 所示。

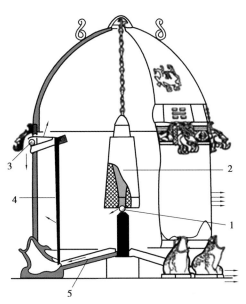

图 1.25　候风地动仪构造

1—关;2—柱;3—丸;4—机;5—道

牙机的触发需求小到可以在地震波第一时间运作,称为合契若神。牙机是由一对杠杆构成,水平杠杆负责龙口开合,直立杠杆负责牙机触发。由于牙机立杆和候风摆的位置关系,由关连接。关就是牙机立杆的一部分。关注道内水平状,几乎挨到候风摆之上,距离之近不到一毫米。这是候风地动仪得以成功的关键。

1.8　连弩

在三国时期,一直处于劣势的蜀汉的军事科技反而是三国之冠。正由于形势逼迫蜀汉必须要造出精良、先进的武器以抵御强大的敌人,因此蜀人发明了许多新的武器和工具。诸葛亮发明的“元戎弩”就是一例。蜀国还发明了一种“侧竹弓弩”,吴国人很喜欢蜀汉的侧竹弓弩,但不会制作,后来当知道俘获的蜀汉将领孟干、爨熊、李松三人会制作后,就立即令他们制作。可见,侧竹弓弩是当时最先进的射击武器之一。

连弩又称“诸葛弩”,如图 1.26 所示,相传为诸葛亮所制“元戎”。这种弩最有趣的地方在于它的连发机构,尽管很原始但却能很好地工作,它可以让一个射手在 15 秒内发射出 10 支弩箭,最快达 12 支。弓和一次发射一箭的弩是常见的武器,连发弩的作用是在开阔地阻止敌人进攻,或者守护工事。100 个连发弩手可以在 15 秒内向敌人发射 1 000 支弩箭。而100 名装备单发弩的战士在同样时间内最多只能发射 200 支箭。毫无疑问,短短 15 秒内呼啸而至的 1 000 支箭矢对进攻敌群的杀伤力和震撼力远大于两百支箭矢。箭头通常蘸了毒,由于这种连发弩的力量很小,因此箭也做得又轻又细,穿透力很低,而蘸毒则使一点微小的伤口也能致命。

图 1.26　连弩

连弩的原理和发射过程:

发射连弩比发射普通弩简单得多。首先将杠杆向前推,箭仓和与之一体的箭槽也随之往前,箭槽后缘缺刻向上抬升并自动勾住弩弦。正常情况下弩弦横在箭槽中央起到阻挡箭仓内弩箭落入箭槽的作用,但当弩弦被勾到箭槽后方后,箭在重力的作用下就会自动落入箭槽,如图 1.27 所示。

连弩要完成发射动作只需将杠杆扳回,在这过程中箭槽与箭仓就会向后运动并将弩弦也往后拉,弩干弯曲蓄能,拉到尽头的同时箭槽后缘也会开始下坐,箭槽缺刻下方顶钮露出下方的部分与弩臂接触并被顶起,随之将弩弦顶出缺刻,弩弦前行将箭槽中的弩箭弹出。这顶钮由硬木制成,一头稍大以防止脱出。第一支箭发射出去以后弩弦又挡住了第二支箭的下落,开始了新的一轮循环直到箭仓内的弩箭全部发射完毕。

图 1.27 连弩箭仓剖面

中国连发弩顶钮部分的构造及工作原理如图 1.28 所示：

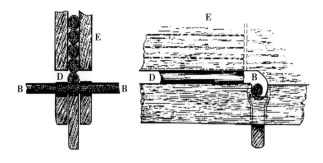

图 1.28 连发弩顶钮部分的构造

B.被箭槽后缘勾住的弩弦。

D.弩弦前方落入箭槽的弩箭。

E.存箭的箭仓。

连弩的整个发射过程如图 1.29 所示：

（a）装满箭矢的箭仓随杠杆而前推，弩弦被顶钮上方的箭槽缺刻勾住。

（b）即将发射的弩，顶钮与弩臂相触，再将弩弦从缺刻中顶出完成发射过程。

这种弩的构造简单，动作迅速，射手除了对准目标并根据情况所需快速或缓慢地推拉杠杆之外，什么事都不用做，在最快的情况下甚至可以在 15 秒内将 12 支弩箭全部发射出去。稍事改造之后，这种连弩可以在每次推拉杠杆的过程中发射两支弩箭，只需将箭仓和弩臂加宽到约两厘米，并在箭仓内加上一纵向隔板将之分为两个仓，其下的箭槽也相应增加到两条

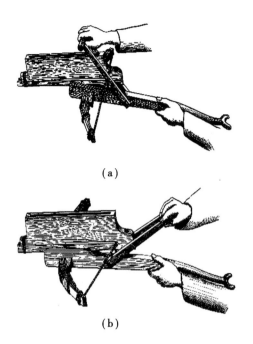

(a)

(b)

图 1.29　连弩发射过程

即可。其发射流程与原型完全相同,两支弩箭会随杠杆的推拉而并排落入箭槽,并排发射出去。这样,每 100 名弩手可以在 15 秒内发射出 2 000 支弩箭,真正是以一当十。

25

1.9　龙骨水车

龙骨水车,如图 1.30 所示,亦称"翻车""踏车""水车""龙骨",是一种用于排水灌溉的机械。因为其形状犹如龙骨,故名"龙骨水车"。龙骨水车约始于东汉,三国时发明家马钧曾予以改进,此后一直在农业上发挥巨大的作用。《后汉书·宦者传·张让》:"又使掖廷令毕岚……作翻车渴乌,施于桥西,用洒南北郊路。"李贤注:"翻车,设机车以引水;渴乌,为曲筒,以气引水上也。"《三国志·方技传·杜夔》南朝宋裴松之注引傅玄曰:"居京都,城内有地,可以为园,患无水以灌之,乃作翻车,令儿童转之,而灌水自覆,更入列出,其巧百倍于常。"宋梅尧臣《和孙端叟寺丞农具十三首·水车》曰:"既如车轮转,又若川虹饮。能移霖雨功,自玫禾苗稔。"

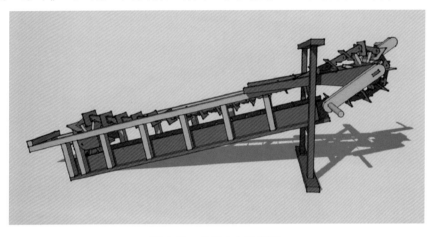

图 1.30　龙骨水车示意图

　　龙骨水车的称呼来自民间,南宋陆游《春晚即景》:"龙骨车鸣水入塘,雨来犹可望丰穰。"是目前见到的中最早的出处。据《后汉书》记载,这一灌溉机械是由东汉末年毕岚设计的,如图 1.31 所示。当时毕岚担任汉灵帝的"掖庭令",专门负责宫廷手工制作。为了解决皇城缺水问题,毕岚奉命制作了龙骨水车。但是刚开始这一发明并未用于农业生产,而是被安置在赤诚洛阳一座大桥的西面,用来给市郊南北大道洒水。三国时期,魏国工匠马钧认真研究了水车后,对水车进行了较大的改进,并设计了一种新

图 1.31　手摇式龙骨水车

的灌溉工具——翻车,并把它运用到农业灌溉中。其结构是以木板为槽、尾部浸入水流中,有一小轮轴,另一端有小轮轴固定于堤岸的木架上。用时踩动拐木,使大轮轴转动,带动槽内的叶片刮水上升,倾灌于地势较高的农田中,如图 1.32 所示。

图 1.32　脚踏式龙骨水车

27

　　龙骨水车适合近距离、提水高度在 1~2 米的平原地区使用,或者作为灌溉工程的辅助设施,从输水渠上直接向农田提水。用于井中取水的龙骨水车是立式的,水车的传动装置有平轮和立轮两种以转换动力方向。

　　它提水时,一般安放在河边,下端水槽和刮板直伸水下,利用链轮传动原理,以人力(或畜力)为动力,带动木链周而复始地翻转,装在木链上的刮板就能顺着水把河水提升到岸上,进行农田灌溉,如图 1.33 所示。这种水车的出现,对解决排灌问题具有极其重要的作用。

图 1.33　人们使用龙骨水车劳作

28

1.10　投石车

　　投石车,是利用杠杆原理抛射石弹的大型人力远射兵器,如图 1.34 所示。它的出现既是技术的进步也是战争的需要。投石车在春秋时期已开始使用,隋唐以后成为攻守城的重要兵器,是古代战车的一种。上装机枢,弹发石块。因声如雷震,故名霹雳车。《三国志·魏志·袁绍传》曰:"太祖(曹操)乃为发石车,击(袁)绍楼,皆破。绍众号曰霹雳车。"亦称"抛车"。

　　最初的投石车结构很简单,一根巨大的杠杆,长端是用皮套或是木筐装载的石块,短端系上几十根绳索,当命令下达时,数十人同时拉动绳索,利用杠杆原理将石块抛出,这就是古代的"战争之神"了。中国战争史上投石车首次大规模使用,应当始于战国时期的李信攻楚之战。楚军秘密准备了大批投石车,当秦军渡河时突然同时发射,无数尖利的石块乌云般砸

图 1.34 投石车

向秦军,二十万秦军全面溃败,秦军将领李信兵败自杀。后来战国四名将之一的王翦,率领六十万大军,才攻下了楚国,可见当时投石车的威力。随着技术的发展,投石车也越来越先进,目前三国游戏中的"霹雳投石车"就是战国时代投石车的改进造型,如图 1.35 所示。

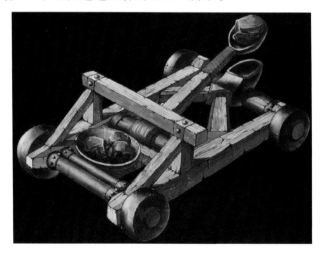

图 1.35 霹雳投石车

最早的投石机是扭力投石机,从弓发展而来,其中文名称又有石弩、投石车、弹射器或弩炮。在古希腊、古罗马时就已在使用,依靠扭绞绳索产生力量弹射。弹射杆平时是直立的,杆的顶端是装弹丸的"勺子"或皮弹袋,杆的下端插在一根扭绞得很紧的水平绳索里。弹射时,先用绞盘将弹射杆拉至接近水平的位置,在"勺子"或皮弹袋里放进弹丸。松开绞盘绳索时,弹射杆恢复到垂直位置将弹丸射出。

人力抛石机,亦称牵引抛石机,最早出现于公元前 5 世纪战国时期。先为阿拉伯人使用,其后传入欧洲。人力抛石机通常称为炮,是纯利用人力的抛石机,其用人力在远离投石器的地方一齐牵拉连在横杆上的梢(炮梢),炮梢架在木架上,一端用绳索拴住容纳石弹的皮套,另一端系以许多条绳索让人力拉拽而将石弹抛出。炮梢分单梢和多梢,最多的有七个炮梢装在一个炮架上,需 250 人施放。炮也是中文中对所有投石机的泛称,附有轮子的通常称行炮车。

重力抛石机又称回回炮、平衡重锤投石机、配重式投石机,如图 1.36 所示,是一种大型的投石机,它是从中国人力抛石机发展而来的,最早出现在欧洲 12 世纪中末期,南宋时随蒙古传入中国。它的工作原理是:利用杠杆原理,一端装有重物,而另一端装有待发射的石弹,发射前须先将放置弹药的一端用绞盘、滑轮或直接用人力拉下,而附有重物的另一端也在此时上升,放好石弹后放开或砍断绳索,让重物的一端落下,石弹也顺势抛出。此种抛石机因经由伊斯兰地区传入中国而被称作"回回炮"。到了 14 世纪中期,有的抛石机能抛射将近 454 千克重的弹体,威力巨大。近代试验表明,吊杆长 15.2 米,平衡重锤为 10 吨的抛石机能将 200~300 磅(90~136 千克)的石弹抛射约 274 米的距离。可以投掷一个或多个物体,物体可以是巨石或火药武器,甚至是毒药、污秽物、人或动物的尸体,达到心理战的目的,那些污秽物同时也是最早的"生化武器"。

图 1.36　配重式投石车

1.11　床弩

床弩是中国古代一种威力较大的弩,如图 1.37 所示。将一张或几张 **31**
弓安装在床架上,以绞动其后部的轮轴张弓装箭,待机发射。多弓床弩可
用多人绞轴,用几张弓的合力发箭,其弹射力远远超过单人使用的擘张、蹶
张或腰引弩。

图 1.37　床弩

床弩的发明不晚于东汉。《后汉书·陈球传》记载,陈球在一次战争中使用了床弩,"弦大木为弓,羽矛为矢,引机发之,远射千余步,多所杀伤"。这种大弩仅用手擘、足踏之力难以张开,故应是床弩。1960 年,在江苏省南京市秦淮河出土一件南朝时(420—589 年)的大型铜弩机,长 39 厘米,宽 9.2 厘米,通高 30 厘米。复原后,其弩臂长当在 2 米以上,无疑也属于床弩一类,如图 1.38 所示。当时北朝也使用床弩,《北史·源贺传》记载,北魏文成帝时,源贺都督三道诸军屯守漠南,"城置万人,给强弩十二床"。唐朝杜佑撰《通典》中将这种弩称作"车弩",宋朝以后则通称"床弩"。床弩在宋朝得到较大的发展。宋官方编修的《武经总要》所载床弩,自 2 弓至 4 弓,种类很多。多弓床弩张弦时绞轴的需要人数较多,小型的用 5~7 人;大型的如"八牛弩",需用数十人以上。瞄准和以锤击牙发射都有专人司其事,所用箭以木为杆,铁片为翎,号称"一枪三箭"。这种箭实际上是一支带翎的枪(矛),破坏力很强。床弩又可射出"踏橛箭",使之成排地钉在夯土城墙上,攻城者可借以攀缘登城。床弩还可以在弦上装兜,每兜盛箭数十支,同时射出,称"寒鸦箭"。床弩的射程可达 570 米左右,是中国古代弩类武器中射程最远的,但床弩构造笨重,机动性较差。随着火器的发展,床弩逐渐被废置不用。

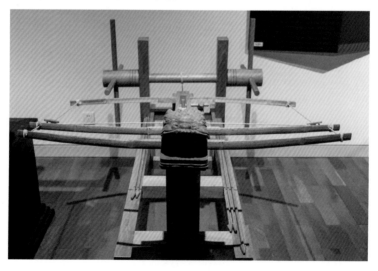

图 1.38　床弩模型

装于中部的弓为主弓,如图 1.39 所示。主弓自弓把(即弓弣)处用短绳与前弓相连,拉紧主弓的弓弦时,前弓随之开张,但后弓装置方向相反,如仅自弓把处以短绳与主弓连接,是张不开的,所以主弓的弓把上还应设有滑轮或滑孔,后弓之弦通过此轮或孔与主弓的弦并在一起。主弓张弦时,后弓之弦绕过轮或孔折而向后,随主弓之弦一同拉紧,从而也能随着主弓张开。虽然后弓弯曲的弧度要比主弓与前弓都小一些,但在床弩上,当转动绞轴收紧钩在主弓之弦上的牵引绳,再用弩牙扣住了弓弦,之后,解下牵引绳,将箭置于弩臂上面的矢道内,使箭括顶在两牙之间的弦上。发射时,扣击扳机,牙即下缩,三弓同时回弹,箭即以强力射出。

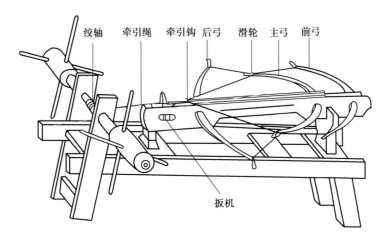

图 1.39　床弩结构图

1.12　筒车

筒车亦称"水转筒车",是一种以水流作动力,取水灌田的工具,如图 1.40 所示。据史料记载,筒车发明于隋而盛于唐,距今已有 1 000 多年的历史。这种靠水力作动力的古老筒车,在家乡郁郁葱葱的山涧、溪流间构成了一幅幅远古的田园春色图,成为中国古代人民的杰出发明。

南宋郭浩在安康营田时就使用了筒车。恒口千工堰龙口下的筒车河

图 1.40　筒车模型

是郭浩营田时制筒车引水入渠处,故地留"筒车河"之名。在河东岸崖壁上遗有石刻两方,字迹虽已漫漶,但依稀仍可认出"奉檄制龙筒车""提水入堰""灌田"等字样。

王祯《农书》中描绘的高转筒车,是由筒车发展的高转筒车,属于提水机械。以人力或畜力为动力,外形如龙骨车,其运水部件如井车,其上、下都有木架,各装一个木轮,轮径约四尺,轮缘旁边高、中间低,当中做出凹槽,更显凹凸不平,以加大轮缘与竹筒的摩擦力。下面轮子半浸水中,两轮上用竹索相连,竹索长约一尺,竹筒间距离约五寸,在上下两轮之间、在上面竹索与竹筒之下,用木架及木板托住,以承受竹筒盛满水后的重量。高转筒车也用人力或畜力转动上轮。绑着竹筒的竹索是传动件,当上轮转动时,竹索及下轮都随着转动,竹筒也随竹索上下动。当竹筒下行到水中时,就兜满水,而后随竹索上行,到达上轮高处时,竹筒将水倾泻到水槽内,如此循环不已。带动连成串的小竹筒盛水,沿水槽而上,可在高岸上从低水源地区取水,如图 1.41 所示。

图 1.41　筒车

35

　　筒起到了叶轮的作用:承受水的冲力(由水的动能提供),获得的能量使筒车旋转起来并克服筒车的摩擦阻力以及被提升的水对筒车的反力矩。当转过一定角度,原先浸在水里的竹筒(已灌满了水)将离开水面被提升。筒底所在的外环半径大于筒口所在的内环,由于两者为同心圆,所以在低处时,竹筒盛水(筒口高于筒底),在高处时,竹筒泄水(筒口低于筒底)。可以通过调整水槽的位置和长度,使水槽能够接到更多的水,如图 1.42 所示。当筒车旋转太慢,或者提不起水,可在筒车上装一些木板或竹板,便于筒车从水中获得更多的能量(动能),也可以将筒车浸入水中更深一些来获得能量,由于竹筒出水时的位置与筒车轴线之间的角度更大,筒口与筒底的落差也更大,这样处理能够使竹筒内存下更多的水。当水流的速度较低时,竹筒也要相对小一些,否则,筒车从水中获得的能量有限,不足以克服被提起的水对筒车的反力矩(或者说:势能)。如此往复,循环提水,筒车本身的效率很低,但无需供给动力。

图 1.42 筒车

1.13 曲辕犁

曲辕犁,又称江东犁,如图 1.43 所示,是中国唐朝时发明的犁。中国国家博物馆有曲辕犁的复制模型,根据唐朝人陆龟蒙的《耒耜经》记载,曲辕犁由 11 个用木头或金属制作的部件组成。曲辕犁一直沿用至清朝,未作很大改进,其原理与机引铧式犁相似。曲辕犁和以前的耕犁相比,有几处重大改进。首先是将直辕、长辕改为曲辕、短辕,并在辕头安装可以自由转动的犁盘,这样不仅使犁架变小变轻,而且便于调头和转弯、操作灵活、节省人力和畜力。

生产工具是生产力的一个重要因素,一定类型的生产工具标志着一定发展水平的生产力。农具的广泛采用以及对其不断地改进,对农业生产的

图 1.43　曲辕犁

发展起了重要作用。唐朝江南地区劳动人民在长期生产实践中,改进前人的发明,创造出了曲辕犁。

据唐朝末年著名文学家陆龟蒙《耒耜经》记载,曲辕犁由 13 个部件组成,如图 1.44 所示。

汉代耕犁已基本定形,但汉代的犁是长直辕犁,耕地时回头转弯不够灵活、起土费力、效率不高;北魏贾思勰的《齐民要术》中提到长曲辕犁和"蔚犁",但因记载不详,只能推测为短辕犁;唐代初期进一步出现了长曲辕犁。转动灵活的"蔚犁"的问世和长曲辕犁的出现为江东犁的最终形成奠定了基础。其优点是操作时犁身可以摆动,富有机动性,便于深耕,且轻

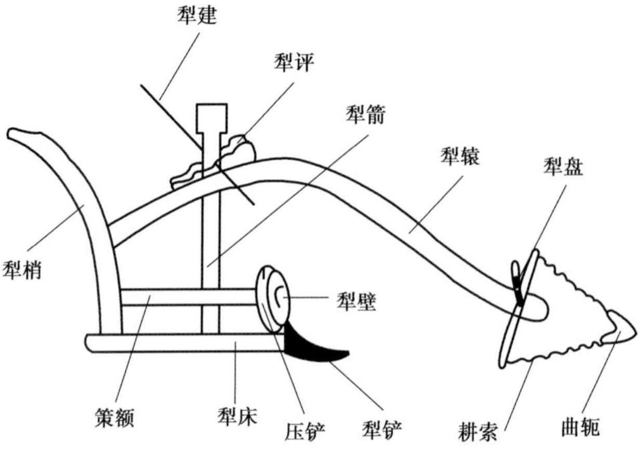

图 1.44　曲辕犁结构图

巧柔便,利于回旋,适宜了江南地区水田面积小的特点,因此短曲辕犁最早出现于江东地区。

　　其次是增加了犁评和犁建,如推进犁评,可使犁箭向下,犁铧入土则深。若提起犁评,使犁箭向上,犁铧入土则浅。将曲辕犁的犁评、犁箭和犁建三者有机地结合使用,便可适应深耕或浅耕的不同要求,并能使耕地深浅调节规范化,便于精耕细作。犁壁不仅能碎土,而且可将翻耕的土推到一侧,减小耕犁前进的阻力。曲辕犁结构完备、轻便省力,是当时先进的耕犁。历经宋、元、明、清各代,耕犁的结构没有明显的变化。

1.14　饮酒器

　　宋朝仇士良著的《岭外代答》曾记载中国南方和西南方部落村民的一种习俗,就是常用长 0.6 米以上的饮酒管饮酒,如图 1.45 所示。在这种竹制饮酒管中有一条银制小鱼,其作为可动的开关,即浮子式阀门,这种阀门可用来保持均匀的饮酒速度。

　　关于浮子式阀门:所谓的浮子式阀门即是通过控制流体的流速,使液体内固体升降,从而达到控制液体出入的简单装置。这一装置在古代机械装置中得到广泛使用。

38

当液体流速比较小的时候,合外力向下,导致浮子堵塞下管口。

当液体流速比较大的时候,合外力向上,导致浮子堵塞上管口。

只有当流速控制在合理的范围时,重力与流体对浮子的力近似相等,使得浮子可以在管中浮动,不会堵塞管口。故而保证饮酒者可以有较为稳定的饮酒速度。

浮子式阀门在近代的使用:

浮子式风帽:流化床锅炉中使用的布风装置。

浮子式水位计:跟踪水位升降,以机械方式直接转动记录。

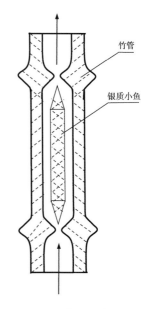

图 1.45　饮酒器结构图

浮子式密度计:用于监测控制煤气和天然气等制品的密度。

浮子式疏水阀:依靠液体高度变化机械式地调节液体的流量大小。

39

1.15　水碾

水碾利用水力带动旋转的碾子,如图 1.46 所示,多用以碾谷物。《魏书·崔亮传》记载:"奏於张方桥东堰谷水造水碾磨数十区。"碾,有的古书写"辗"。明徐光启《农政全书》卷十八:"水碾,水轮转碾也。"清顾炎武《与潘次耕书》:"彼地有水而不能用,当事遣人到南方,求能造水车、水碾、水磨之人。"沈从文《从文自传·我上许多课仍然不放下那一本大书》:"到场上去我们还可以看各样水碾水碓,并各种形式的水车。"

图 1.46 水碾

1.16 木棉纺车

木棉纺车是一种纺棉线的工具,如图 1.47 所示。其工作原理是:用脚踏动木棍,大轮飞转,通过弦绳,带动 3 个繀锭旋转。操作者手持条状棉卷,配合繀锭的转动,将棉线拉出至一定长度时停住,待棉线加捻到一定程度,就将棉线缠于繀上。然后再重复拉线、加捻、缠线动作,纺织新线。手足并用,同时可纺三线。

在手摇纺车的基础上,脚踏纺车开始出现。脚踏纺车是利用偏心轮在纺车制造上完成的一次改革成果。脚踏纺车的最早发明时间还有待查考,

图 1.47　木棉纺车

现在能见到的是公元四世纪到五世纪我国东晋著名画家顾恺之一幅画上的脚踏三锭纺车。元朝时期,关于脚踏纺车的记载更多。约在元朝大德年间(约 1300 年)成书的《农书》记载:"木棉纺车,其制比苎麻纺车颇小。夫轮动弦转,莩䌥随之。纺人左手握其棉筒,不过二三,绩于莩䌥,牵引渐长,右手均䌥,俱成紧缕,就绕䌥上。"这说明木棉纺车是由苎麻纺车改制而成,其构造有纺轮、车架、踏轴三部分,车之顶端置有莩䌥,轮上绕有车弦与莩䌥相联。操作时手足并用,两足踏动踏轴带动纺轮,则轮动旋转,"莩䌥随之"。两手可握棉筒二三个, 即同时可纺出二三根纱。这种三䌥纺车的利用,使纺纱生产率大大提高了。明朝徐光启《农政全书》也有类似的记载。

图 1.48　木棉纺车示意图

脚踏纺车中最常见的为三锭,清朝张春华《沪城岁事衢歌》载:"以屈木之连属者锯之,下如二股,上如柱,统计约高二尺,竖二股于横木上,木长不及二尺。木两端之向内者,又横卧二股,长有二足余,股之尽处,以木之尽而较方者合属之。其往后端空之,举所谓纺车头者横贯其内,其形如半月,内外各一,相悬寸许。各有三节,安小管于上,以所谓锭子错缀管中。柱子下二股交合处,横固木长半尺许,木上卷轮,另有一木长四尺余,锐其一端,窍轮而受之。其一端于合属卧股之处,作齿承之,以两足旋运。先于锭上绕纱数尺,粘于条子,随轮飞动,绸绎而出,名纺纱。"

1.17　耧车

耧,如图 1.49 所示,也叫"耧车""耧犁""耩子",旧时汉族农具名,也是一种畜力条播机。西汉赵过作耧,已有两千多年历史。耧由耧架、耧斗、耧腿、耧铲等构成。有一腿耧至七腿耧多种,以两腿耧播种较均匀。可播大麦、小麦、大豆、高粱等。

42

43

图 1.49　耧车

条播机从未传到欧洲,中东的苏米尔人在 3 500 年前有过原始的单管种子条播机,不过效率很低。我国在公元前 2 世纪发明的多管种子条播机耧车(后来印度也予以采用),才大大提高了播种的效率。这种条播机只需要用一头牛、一匹马或一匹骡子来拉,并按可控制的速度将种子播成一条直线。耧车播种时用的铧,类似三角犁铧,但较小些,中间有一高脊,10

厘米长,8 厘米宽。将劓插入耧车脚背上的二孔中并紧紧绑在横木上。这种铧可以入地 8 厘米深,而种子经过耧脚撒落在其中,能在土中种得更深,并使产量大为提高。用耧车耕种的土地,如同用小犁犁过那样。

据东汉《后汉书·崔宴传》中"政论"记载,耧车由三只耧脚组成,故称三脚耧,如图 1.50 所示。三脚耧,下有三个开沟器,播种时,用一头牛拉着耧车,耧脚在平整好的土地上开沟播种,同时进行覆盖和镇压,一举数得,省时省力,故其效率可以达到"日种一顷"。

图 1.50 三脚耧车

1.18 "东风一号"导弹

经过 700 多个日日夜夜的奋斗,1960 年 10 月中旬,我国第一枚仿制型的弹道导弹"东风一号"研制成功了,如图 1.51 所示。

图 1.51　"东风一号"

　　1960 年 10 月 17 日,"东风一号"被专列运往酒泉导弹发射靶场。大漠荒原的弱水河畔,新建成的我国第一座火箭发射场上,一枚液体燃料推动的地对地导弹像一把利剑矗立在发射架上,其锋芒直刺大漠蓝天,如图 1.52 所示。

　　1960 年 11 月 5 日,"东风一号"试飞就要开始了。上午 8 时整,现场指挥员下达了"一小时准备"的命令。随着警报拉响,各种加注车辆纷纷撤离发射现场。各个岗位上的负责人,都在向指挥中心报告着"准备完毕"的信息。接着,发射现场出现了少有的寂静。在 9 时 1 分 28 秒,现场指挥员庄严地下达了命令:"一分钟准备!"各种地面记录设备开始启动。当倒计时器上闪现出"0"的字样时,只听现场指挥员果断地喊道:"点火!"

　　这时,茫茫戈壁滩上顿时爆发出一声春雷,大地颤抖、火光冲天,"东风一号"挟着狂风雷电,拔地而起,扶摇直上。导弹越飞越快,飞到了一定的高度以后,只见它头向西一偏,在戈壁蓝天上划出了一道漂亮的白色弧

图 1.52 "东风一号"

线。中华文明史上第一枚导弹呼啸着向 550 千米以外的目标飞去。在 9 时 10 分 5 秒,溅落区传来报告:"'东风一号'精确命中目标!"我们成功了!

"东风一号"导弹,全程飞行 550 千米 407 米,历时 7 分 37 秒。

导弹制导系统由探测系统、控制指令,以及操控导弹飞行的所有设备(也就是通常所说的飞行控制系统)组成。这些设备的作用是使导弹保持在理想的导弹弹道飞行,导弹制导系统的组成及原理框图,如图 1.53 所示。引导系统通过探测装置确定导弹相对目标或发射点的位置形成引导指令。控制系统直接操纵导弹迅速而准确地执行引导系统发出的引导指令而飞向目标。控制系统的另一项重要任务是保证导弹在每一飞行段稳定地飞行。

1.19 中国自主研发的第一颗原子弹

在美、英、苏三国联合遏制中国进行核试验的大背景下,中国的科学家们努力工作、发愤图强,在核武器的研究方面取得了一系列重大突破。经过广大科技人员发愤图强,进行了千百次试验,1964 年 6 月 6 日,通过爆轰模拟试验,终于实现了预先的设想。到 1964 年夏天,我国终于全面攻克了

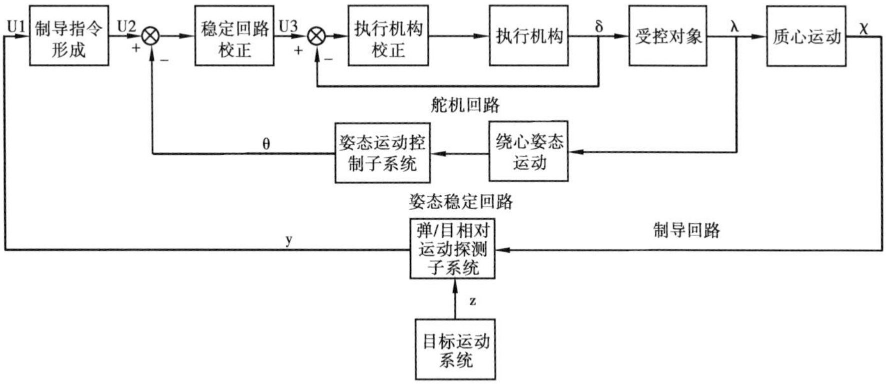

图 1.53　导弹制导系统的组成及原理框图

原子弹技术难关,取得了原子弹研究方面的巨大成就。

　　在完成了试验的必要研究和准备工作后,下一步就是进入核爆炸的最后阶段,完成安装并进行实弹爆炸的试验。1964 年 10 月 14 日,中国的第一颗原子弹被小心翼翼地安装在早已修建好的高达 102 米的试验铁塔上,塔的顶端有一个纯金属的小屋,中国的第一颗原子弹就被安放在里面。10 月 15 日,中共中央下达命令,主操作员按下了牵动人心的最后一个按钮。在一段短暂的寂静之后,突然,铁塔那里迸发出强烈的耀眼的闪光,接着升腾起一个巨大的太阳般的火球,冲击波如同飓风般席卷开来,随后,传来了惊天动地的爆炸声。渐渐地,火球与地面冲起的尘柱连成一体,形成了一朵极为壮观的蘑菇云⋯⋯在我国西北核试验基地首次进行的原子弹爆炸试验获得了圆满成功(如图 1.54 所示)。

　　这颗原子弹爆炸后,中国成为继美、苏、英、法之后的第五个核国家,而这五个国家正好是联合国安理会五个常任理事国成员。由此可知中国这颗原子弹的升天有多么重要的意义。

中国自主研发的
第一颗原子弹

47

图 1.54　我国第一颗原子弹爆炸成功

1.20　中国第一颗氢弹

中国第一颗氢弹

　　自 1964 年 10 月 16 日下午 3 时成功地爆炸中国第一颗原子弹后,我国科学技术人员爆发出向研制氢弹奋斗的极大热情,但当时也只知道氢弹的一般原理,即用原子弹当扳机,先将原子弹起爆,爆炸产生的百万摄氏度以上的高温,促使氢弹的热核材料产生剧烈聚变,释放出更大的原子能,使温度和压力极度升高,因而产生更大当量的爆炸,如图 1.55 所示。

　　氢弹原理:氢弹是核裂变加核聚变——由原子弹引爆氢弹,原子弹放出来的高能中子与氘化锂反应生成氚,氘和氚聚合产生能量。氢弹爆炸实际上是两次核反应(重核裂变和轻核聚变),两颗核弹爆炸(称为二相弹,即原子弹和氢弹),所以说氢弹的威力比原子弹要更加强大。如装载同样多的核燃料,氢弹的威力是原子弹的 4 倍以上。当然,不能用大当量的原

图 1.55　我国第一颗氢弹爆炸成功

子弹与小当量的氢弹来比较。一般原子弹当量相当于几千到几万吨 TNT,
二相弹可能达到几千万吨 TNT 当量。

聚变核武器是使氢的同位素氘或氘化锂这类热核燃料中产生起爆条
件,用裂变核弹的方法使核武器中的热核燃料具有 10 000 000~20 000 000 摄
氏度高温,从而引起核聚变。原子弹和氢弹通常以千吨或兆吨三硝基甲苯
(TNT) 当量作为单位来表示。如 1945 年美国投在广岛的裂变核弹,不到
50 千克的铀释放出来的能量相当于 2 万吨化学炸药。各种聚变核弹即热
核弹(氢弹),其威力最高可达 60 兆吨。据计算,在核武器爆炸时,1 千克
铀-235 全部裂变释放的能量相当于 2 万吨 TNT 释放的能量,而 1 千克氘
和氚的混合物完全聚变时放出的能量大约是 1 千克铀-235 完全裂变所放
出能量的 3~4 倍。

从第一颗原子弹试验到氢弹原理突破,美国用了 7 年多,苏联用了 4
年,英国用了 4 年半,而中国仅用了两年零两个月。这是一个让全世界为
之震惊的速度!

1.21　中国第一颗人造卫星"东方红一号"

　　1970 年 4 月 24 日,中国在第一个火箭发射实验基地酒泉卫星发射中心成功发射第一颗人造地球卫星"东方红一号",成为世界上第 5 个独立研制和发射卫星的国家,中国航天活动的序幕从此拉开。到 2005 年,中国已成功研制并发射 60 多颗人造地球卫星,完成由试验卫星向应用型卫星的转化。

　　"东方红一号"(Dong Fang Hong I/Red East 1)卫星是中国的第一颗人造卫星,如图 1.56 所示。由以钱学森为首任院长的中国空间技术研究院研制,其因工程师在其上安装一台模拟演奏《东方红》乐曲的音乐仪器,并让地球上的接收设备能从电波中收到这段音乐而命名。"东方红一号"卫星于 1970 年 4 月 24 日 21 时 35 分用"长征一号"运载火箭(CZ-1)载着"东方红一号"卫星从中国西北酒泉卫星发射中心发射升空,21 时 48 分进入预定轨道,如图 1.56 所示。

50

　　"东方红一号"卫星的主要任务是进行卫星技术试验、探测电离层和大气层密度。卫星为近似球形的 72 面体,质量 173 千克,直径约 1 米,采用自旋姿态稳定方式,转速为 120 转/分,外壳表面以按温度控制要求经过处理的铝合金为材料,球状的主体上共有四条二米多长的鞭状超短波天线,底部有连接运载火箭用的分离环。卫星飞行轨道为近地点 439 千米、远地点 2 384 千米、轨道平面和地球赤道平面为倾角 68.5 度的近地椭圆轨道,绕地球运行一圈周期为 114 分钟。"东方红一号"卫星除了装有试验仪器外,还可以以 20 兆赫的频率发射《东方红》音乐。该卫星采用银锌电池为电源。

图 1.56　"东方红一号"卫星

1.22　中国自行研制的"神舟五号"载人飞船

"神舟五号"载人飞船是"神舟"号系列飞船之一,是中国首次发射的载人航天飞行器,于 2003 年 10 月 15 日将航天员杨利伟送入太空,如图 1.57 所示。这次成功的发射标志着中国成为继苏联和美国之后,第三个有能力将人送上太空的国家。

中国自行研制的

"神舟五号"

载人飞船

"神舟"飞船"三舱一段"的结构与总体方式具有鲜明的中国特色,"神舟"飞船起点高,一步到位,智能化程度较高。虽然中国载人航天工程起步较晚,但却实现了跨越式的发展,"神舟"飞船第一步就可搭载三人。第一次载人飞行,苏联宇航员加加林只绕地球飞行 1 圈,美国宇航员谢泼德只进行了亚轨道飞行,而中国航天员却在近地轨道飞行了

图 1.57　"神舟五号"载人飞船发射实况

1 天。国外载人飞船是从搭载小动物开始试验航天员环境控制与生命保障系统的,而我国则采用了先进的现代装置——模拟假人,模拟"航天员"所消耗的氧气与排出的二氧化碳,通过先进的地面医监台测试"航天员"的生理信号变化。"神舟五号"的成功发射标志着中国成为继苏联和美国之后,第三个独立掌握载人航天技术的国家。

　　"神舟五号"飞船是在无人飞船的基础上研制的中国第一艘载人飞船,乘有 1 名航天员——杨利伟,飞船在轨道运行了 1 天。整个飞行期间为航天员提供必要的生活和工作条件,同时将航天员的生理数据、电视图像发送到地面,并确保航天员安全返回,如图 1.58 所示。

　　在 2003 年 10 月 15 日 09 时 00 分 00 秒,负载着"神舟五号"的长征 2F 火箭发射。9 时 10 分,船箭分离,"神舟五号"载人飞船发射成功,飞船以平均每 90 分钟绕地球 1 圈的速度飞行。飞船由轨道舱、返回舱、推进舱和附加段组成,总长 8 860 毫米,总重 7 840 千克。飞船的手动控制功能和环境控制与生命保障分系统为航天员的安全提供了保障。飞船由长征 2F 运

图 1.58　"神舟五号"载人飞船

载火箭发射到近地点 200 千米、远地点 350 千米、倾角 42.4 度的初始轨道;实施变轨后,进入 343 千米的圆轨道;飞船环绕地球 14 圈后在预定地区着陆。

"神舟五号"飞船载人航天飞行实现了中华民族千年飞天的愿望,是中华民族智慧和精神的高度凝聚,是中国航天事业在新世纪的一座新的里程碑。

航天飞行任务结束时,要求载人飞船将航天员安全地送回地球表面。载人飞船是以相当高的速度绕地球飞行(大约等于第一宇宙速度)或以更高的速度(超过第一宇宙速率)接近地球。为了使飞船降落在地面上,必须减低它的飞行速度。载人飞船载人过载要小于 10 克,因此载人角度要限制在 1~3 度的范围内,这主要依赖姿态稳定与控制系统的有效工作。

为可靠地保持制动火箭点火时的飞船姿态精度对于飞船成功返回而言至关重要。为了保证在各种情况下均能实现这一点,提高可靠性,要求一旦载人飞船的自动姿态控制系统失效,航天员必须具有安全结束飞行的能力。可以由以下措施来保证:

(1)通过舷窗与潜望镜的目视观察,提供制动点火的另外的姿态参考;

（2）通过独立于自动系统的速率陀螺,提供控制制动点火时的速率信息;

（3）通过一套完全备份的反作用控制系统,提供反作用控制力矩来抵消制动火箭产生的干扰。

飞船的控制工作是由稳定与控制系统来完成的,此系统使航天员能在飞行的各个阶段手动或自动地操纵飞船,它的主要功能是进行飞船姿态的控制以及主推进装置点火方向或推力矢量的控制。飞船导航与制导系统示意图,如图 1.59 所示。自动姿态控制系统示意图,如图 1.60 所示。

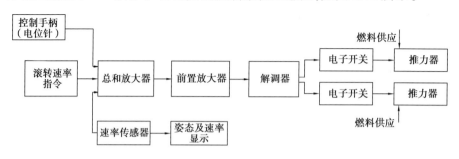

图 1.59　飞船导航与制导系统示意图

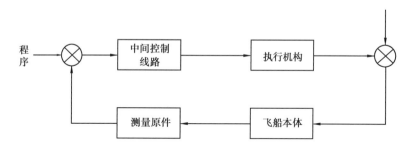

图 1.60　自动姿态控制系统示意图

1.23　中国成功发射"神舟六号"载人飞船

中国成功发射"神舟六号"载人飞船

在中国几十年的航天史上,"中国制造"的概念一直贯穿了始终。1992 年,载人航天工程列入国家计划。在全国各有关部门和科技人员的大力协同下,航天科技人员仅用 7 年的时间就攻克了载人航天的三大技术难题,即研制成功了可靠性很高的大推力火箭,掌握了载人飞船的安全返回技术,建造了载人太空飞行良好的生命保障系统。

1999 年 11 月 20 日 6 时 30 分,中国成功发射第一艘无人试验飞船"神舟一号",实现了天地往返的重大突破。在此后三年的时间里,中国又连续成功发射 3 艘无人飞船,每次都有技术突破。2005 年 10 月 12 日 9 时整,中国成功发射载人飞船"神舟六号",如图 1.61 所示,标志着中国已成为世界上继苏联和美国之后第三个能够独立开展载人航天活动的国家。

图 1.61　"神舟六号"载人飞船

55

神舟飞船从研制开始就直接采用多人多舱的设计方案,可利用空间创属世界之最。从火箭研制的高标准到飞船设计的高起点,从独具特色的航天医学工程体系建立到先进的航天测控网形成,一系列新技术、新创造、新成果,无一不是自主创新的智慧结晶。此外,按照国际经验,对航天领域投入 1 元,将会对整个社会产生 8 至 14 元的带动效益。由于神舟载人发射是大量技术的集成,涉及发射火箭制造技术和回收、测控以及生命保障系统等关键技术,这样一来可以带动很多科技产业的发展。同时,载人航天科技将拉动新材料、生物、通信等行业的快速发展。

　　在中国载人航天工程发展战略中,中国正稳步推进载人航天工程第二阶段目标的完成,并向第三阶段即建立太空站的目标迈进,"神舟六号"具有承前启后的重要意义。作为中国自主知识产权的承载体,它在当今世界最复杂、最庞大、最具风险的工程体系里,以技术密集度高、尖端科技聚集的精彩表现,在太空完美演绎了"中国制造"的技术,如图 1.62 所示,向世界展示了我国航天大国的地位,发扬了国威,强化了凝聚力。

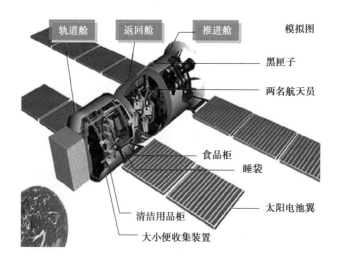

图 1.62　飞船结构图

　　"神舟六号"实现首次多人遨游太空;首次多天空间飞行;首次进行空间实验;首次进行飞船轨道维持;首次飞行达 325 万千米;首次太空穿脱航天服;首次在太空吃上热食;首次启用太空睡袋;首次设置大小便收集装置;首次全面启动环控生保系统;首次增加火箭安全机构;首次安装了摄像头;首次启用副着陆场;首次启动图像传输设备;首次使用新雷达;首次全程直播载人发射等。把"神舟六号"载人飞船送入太空的长征二号 F 型运载火箭与发射神舟五号飞船的那枚火箭相比,其在运载质量、安全性能、舒适性以及图像实时测量系统等诸多方面进行了 75 项技术改进。

1.24　"神舟七号"载人飞船

　　"神舟七号"载人飞船（Shenzhou-Ⅶ manned spaceship）是中国"神舟号"飞船系列之一,是中国第三个载人航天飞船,突破和掌握了出舱活动相关技术。

　　"神舟七号"载人航天飞船于 2008 年 9 月 25 日 21 时 10 分 04 秒从中国酒泉卫星发射中心载人航天发射场用长征二号 F 火箭发射升空,"神舟七号"发射现场如图 1.63 所示。"神舟七号"载人航天飞船上载有 3 名宇航员,分别为翟志刚（指令长）、刘伯明和景海鹏。北京时间 2008 年 9 月

图 1.63　"神舟七号"发射现场

27 日 16 时 30 分,景海鹏留守返回舱,另外两人分别穿着中国制造的"飞天"舱外航天服和俄罗斯出品的"海鹰"舱外航天服进入神舟七号载人飞船兼任气闸舱的轨道舱。翟志刚出舱作业,刘伯明在轨道舱内协助,实现了中国历史上第一次的太空漫步,令中国成为第三个有能力把人送上太空并进行太空漫步的国家。飞船于北京时间 2008 年 9 月 28 日 17 时 37 分成功着陆于中国内蒙古四子王旗,其间共计飞行 2 天 20 小时 27 分钟。

"神舟七号"飞船全长 9.19 米,由轨道舱、返回舱和推进舱构成,它重达 12 吨;"长征 2F"运载火箭和逃逸塔组合体整体高达 58.3 米。"神舟七号"载人航天飞行任务取得圆满成功后,多个国家的航天专家、宇航员和航天机构对此予以积极评价,认为这将会改变国际空间技术合作的格局,并期待中国成为太空领域国际合作的重要伙伴。图 1.64 中记录了中国航天员首次太空行走的瞬间。

图 1.64　"神舟七号"宇航员出舱行走

1.25　"天宫一号"发射成功

流星雨总是给人美好又浪漫的遐想,随着航天器的发展,人类也有可能制造另一类"火流星"。因为无论是受控返回地球的返回式卫星、飞船和航天飞机,还是超过寿命或因为故障不受控制再入地球的航天器,在穿越地球浓密的大气层时都会因为剧烈的摩擦达到很高的温度,发出明亮的光芒,看起来就像是"火流星"一样。

2005 年起,"神舟六号"和"神舟七号"相继发射,拉开了"三步走"战略第二步的序幕,并完成了前半部分;"天宫一号"则完成第二步后半部分的任务——进行空间交会对接,建立空间实验室,如图 1.65 所示。

图 1.65　"天宫一号"

2011 年 9 月 29 日 21 时 16 分至 21 时 31 分,"天宫一号"目标飞行器在酒泉卫星发射中心发射升空,如图 1.66 所示。"天宫一号"是中国首个目标飞行器和空间实验室,属载人航天器,由中国航天科技集团公司所属中国空间技术研究院和上海航天技术研究院研制。它高 10.4 米、重 8.5 吨,最大直径 3.35 米,由实验舱和资源舱构成,主要是作为其他飞行器的接合点,是中国空间实验室的雏形。"天宫一号"的发射,标志着中国在太空有了首个空间实验室,对外展示了中国航天强国面貌,这是中国太空项目向成熟迈出的巨大一步,具有里程碑意义。"天宫一号"成功发射,振奋了民族精神,带动了高科技产业发展。

图 1.66　"天宫一号"发射

1.26　"天宫一号"与"神舟十号"对接

2013 年 6 月 11 日 13 时 11 分,"神舟十号"与"天宫一号"对接环接触,并于 17 时 38 分"神舟十号"成功发射。6 月 13 日 13 时 18 分"神舟十号"与"天宫一号"成功实现自动交会对接,中国开启首次应用性太空飞行。6 月 13 日 16 时 17 分,"神舟十号"航天员成功开启"天宫一号"目标飞行器舱门,聂海胜、张晓光、王亚平以漂浮姿态进入"天宫一号"。

"天宫一号"与"神舟十号"对接过程:"天宫一号"降轨调相→远程导

引→近程导引→绕飞→最终逼近→对接停靠→合体飞行→"神舟十号"
返回。

　　"天宫一号"是相对静止的物体,而"神舟十号"则处于运动状态,当
"神舟十号"检测到"天宫一号"的方位时,会自动调节与其合适的对接点,
从而能够慢慢靠近"天宫一号",完成对接,如图 1.67 所示。

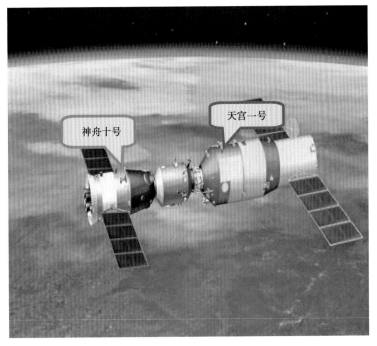

61

图 1.67　"神舟十号"与"天宫一号"对接

1.27　"嫦娥三号"与"玉兔号"

"嫦娥三号"
与"玉兔号"

　　兔子性格温顺,人们一直很喜欢它。传说嫦娥飞到月亮上,可是月亮
上太寂寞了,人们就让可爱的玉兔去陪伴她,正因为人们想象中嫦娥有玉
兔相伴,所以"嫦娥三号"发射到月球上的时候,人们给月球车取名"玉兔
号"。"嫦娥三号"登月具有三大看点:

看点一："玉兔号月球车"。

它长 1.5 米,宽 1 米,高 1.1 米,质量为 140 千克。身上披着一层闪亮的"黄金甲",这可不是为了美观,而是为了反射月球白天的强光,阻挡各种高能粒子的辐射,从而保护它的"五脏六腑"不受伤。从外形来看,这只兔子腰插机械手、脚踩风火轮,格外威风。科学家们为"玉兔"安装了 4 只眼睛(全景相机和导航相机)。有了它们,"玉兔号"便可以"眼观六路"了。它的肩部有两片可伸缩的太阳能电池帆板,起到"保暖"的作用,如图1.68 所示。

图 1.68 "玉兔号"月球车

看点二:6 项"首次"实现历史性突破。

"嫦娥三号"在六个方面实现历史性的突破。它首次实现我国航天器在地外天体软着陆,如图 1.69 所示。它使中国成为继美国、苏联之后第三个实施月球软着陆的国家。它首次实现我国航天器在地外天体巡视探测;首次实现对月面探测器的遥操作。我国首次研制出大型深空站,初步建成覆盖行星际的深空测控通信网;首次实现在月面开展多种形式的科学探测;首次研制建设一系列高水平特种试验设施;首次创新形成了一系列先进的试验方法。这 6 个"首次",彰显了中国探月工程走的是一条自主创新之路,又是一条跨越发展之路。

图 1.69　　"玉兔号"(左)和着陆器(右)

63

看点三:凌晨发射。

发射时间为什么要选在凌晨? 这是因为"嫦娥三号"应该在月球的上午落月,月球上是白天的话,可以有更多工作时间,而且白天也利于太阳能电池板接收能量,所以,当落月的地点和时刻一旦确定,那么环月的飞行过程、火箭发射的时刻和弹道也就随之限定。

随着 21 世纪全球化的到来,探测月球可以推进现代工业的更新升级,包括自动化技术、光机电一体化、信息图像处理传输技术、远程遥感、雷达通信和信号监测等。我国将发展多种先进月球探测器,确立未来月球基地并进行月基科学研究,造福全人类。

1.28　"长征一号"

导弹和火箭不同。前者是指载有战斗部、依靠自身动力装置推进、由控制系统控制其飞行轨迹并导向目标的武器;后者是指依靠火箭发动机喷射工质产生的反作用力向前推进的飞行器。

"长征一号"是为发射我国第一颗人造地球卫星"东方红一号"而研制的三级运载火箭,如图 1.70 所示。于 1965 年开始研制。1970 年 4 月 24 日,它将中国第一颗人造地球卫星"东方红一号"成功送入太空,如图 1.71 所示。该火箭共进行了两次卫星发射,成功率 100%,另一发射时间是 1971 年。"长征一号"的研制成功,揭开了我国航天活动的序幕。

64

图 1.70 "长征一号"

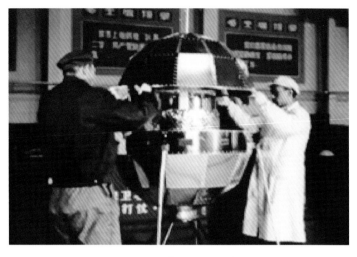

图 1.71　"东方红一号"

　　"长征一号"的制导系统采用位置捷联补偿纵向制导加坐标转换横向导引和法向导引方案。在第二级火箭关机时,制导系统控制关机参数,使第三级火箭能滑行到预定的点火位置和具有精确的点火初速。

　　制导系统由加速度计(包括陀螺加速度计、回路放大器、整形放大器)、数字计算装置、模拟计算装置、横法向仪(包括横向加速度计、法向加速度计、横法向放大器)组成。此外,制导系统还接收水平陀螺仪、垂直陀螺仪的 $\Delta\varphi$、ψ 信号。

　　制导原理如下:火箭按预定视速度关机。关机方程包括火箭纵向视速度和 3 个补偿量。陀螺加速度表测出火箭纵向视加速度,经数字计算装置积分后送入关机控制电路,构成关机主量,向发动机发出一级关机预令和主令、二级关机主令。3 项补偿分别补偿关机时间偏差、常值偏差(如起飞质量偏差、发动机推力偏差等)和随机干扰(如阵风等)。

　　加速度计纵向采用气浮陀螺加速度计,横、法向采用摆式加速度计。计算装置包括数字计算装置和模拟计算装置两部分。前者由加速度存储器、可逆计数器、积分运算器组成,完成视速度装订、存储和视加速度积分运算。模拟计算装置包括数模转换器、变系数及脉冲调制器和乘法器,装置中各种逻辑电路多采用晶体管分立元件,因而较重,总质量达 65 千克。

65

"长征一号"姿态控制系统的敏感元件包括水平陀螺仪、垂直陀螺仪、速率陀螺仪及横法向仪。中间装置是由整流校正网络和综合放大器组成的3套变换放大器,分别对一级、二级动力飞行段及滑行段姿控参数进行变换放大。执行机构由8套舵机及滑行段姿控冷气喷射电磁阀组成,它们分别带动8个燃气舵和控制8个冷氮气喷管。

水平陀螺仪、垂直陀螺仪都是静压气浮轴承支撑的二自由度陀螺仪。前者测量俯仰角偏差,后者测量偏航、滚动角。总的来说,要研制一枚火箭是各种知识的结合,不是单靠一个人就可以完成的。

1.29 "长征五号"

2007年8月,经国务院、中央军委批准,文昌航天发射场工程正式立项,经过技术人员一年多的辛劳,终于为制造运载火箭交出一份完美的答案。"长征五号"系列运载火箭,如图1.72所示,又称"大火箭""胖五",是中华人民共和国为了满足进一步航天发展需要,并为弥补中外差距而在2006年立项研制的一次性大型低温液体捆绑式运载火箭,也是中国新一代运载火箭中芯级直径为5米的火箭系列。"长征五号"系列由中国运载火箭技术研究院研制,采用通用化、系列化、组合化设计概念。

2016年11月3日20时43分,我国新一代大推力运载火箭"长征五号"从中国文昌航天发射场点火升空,约30分钟后,载荷组合体与火箭成功分离,进入预定轨道,"长征五号"运载火箭首次发射任务取得圆满成功,如图1.73所示。

此次发射成功,标志着我国运载火箭实现升级换代,运载能力进入国际先进行列,是中国由航天大国迈向航天强国的重要标志。它的重大意义主要表现在极大地增强了我国航天运力,航天发展平台将被极大提升;大型壳体首次使用,模块化设计紧跟潮流;YF77和YF100发动机的完美融合;大框架发动机喷管和壳体焊接制作技术突破;世界级顶级火箭发射场地位成功检验;庞大的火箭生产体系建立;世界最年轻的航天人队伍。

图 1.72　"长征五号"运载火箭

67

图 1.73　"长征五号"运载火箭发射

1.30 海洋石油 981 深水半潜式钻井平台

海洋石油 981 深水半潜式钻井平台,如图 1.74 所示,简称"海洋石油 981"或"981 钻井平台"。2008 年 4 月 28 日开工建造,是中国首座自主设计、建造的第六代深水半潜式钻井平台,由中国海洋石油总公司全额投资建造,整合了全球一流的设计理念和一流的装备,是世界上首次按照南海恶劣海况设计的,能抵御两百年一遇的台风。选用

海洋石油 981
深水半潜式
钻井平台

DP3 动力定位系统,1 500 米水深内锚泊定位,达到中国船级社和美国船级社标准。整个项目按照中国海洋石油总公司的需求和设计理念引领完成,中国海油拥有该船型自主知识产权。该平台的建成,标志着中国在海洋工程装备领域已经具备自主研发能力和国际竞争能力。2014 年 8 月 30 日,深水钻井平台"海洋石油 981"在南海北部深水区陵水 17-2-1 井测试获得高产油气流。据测算,陵水 17-2-1 为大型油气田,是中国海域自营深水勘探的第一个重大油气发现。

图 1.74　海洋石油 981 深水半潜式钻井平台

　　海洋石油 981 深水半潜式钻井平台,由中国船舶工业集团公司第七〇八研究所设计、上海外高桥造船有限公司承建的,耗资 60 亿元。该平台借用美国 F&G 公司 EXD 系统平台设计方法,并在此基础上优化及增强了动态定位能力,以及锚泊定位,设计时考虑了南海恶劣的海况条件,整合了全球一流的设计理念、技术和装备。除了通过紧急关断阀、遥控声呐、水下机器人等常规方式关断井口外,该平台还增添了智能关断方式,也就是说,在传感器感知到全面失电、失压等紧急情况下,控制系统会自动关断井口以防井喷。"海洋石油 981"平台设计能力可抵御 200 年一遇的超强台风,首次采用最先进的本质安全型水下防喷器系统,具有自航能力,具有世界一流的动力定位系统和控制室,其控制室如图 1.75 所示。

69

图 1.75　海洋石油 981 控制室

　　"海洋石油 981"平台长 114 米,宽 89 米,面积比一个标准足球场还要大,平台正中是井架。该平台自重 30 670 吨,可承重 12.5 万吨,可起降 S-92 等直升机。平台最大作业水深 3 000 米,最大钻井深度可达 10 000 米,该平台总造价近 60 亿元。作为一架兼具勘探、钻井、完井和修井等作业功能的钻井平台,"海洋石油 981"代表了海洋石油钻井平台的一流水平。2012 年 5 月 9 日,"海洋石油 981"在南海海域正式开钻,是中国石油公司首次独立进行深水油气的勘探,标志着中国海洋石油工业的深水战略迈出了实质性的步伐。鉴于此,"海洋石油 981"获得 2014 年国家科技进步特等奖。

海洋蕴藏了全球超过 70% 的油气资源,全球深水区最终潜在石油储量高达 1 000 亿桶,深水区是世界油气的重要储藏区,而中国只具备 300 米以内水深油气田的勘探、开发和生产的全套能力,中国自行研制的海洋钻井平台作业水深均较浅,半潜式钻井平台仅属于世界上第二代、第三代的水平,国外深水钻井能力已经达到 3 052 米,国内只达到 505 米水深。第六代深水钻井平台"海洋石油 981"的建成,填补了中国在深水装备领域的空白,使中国跻身世界深水装备的领先水平。

在钻井平台中对升降机的同步控制如下:

(1)升降时三条桩腿分别启动,启动间隔为 2~5 秒;

(2)三条桩腿之间,同一齿轮齿条内部装置受力均衡的检测和控制。其原理图如图 1.76 所示。

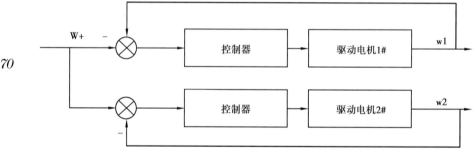

图 1.76　主令参考协调方式(并联)原理图

1.31　中国巨型电子计算机"银河一号"

在中国国防科技大学计算机学院宽敞明亮的"银河"机房里,矗立着一台由 7 个机柜组成的圆柱形机器。这就是该校于 1983 年 12 月研制成功的我国第一台巨型计算机,如图 1.77 所示。它的诞生,标志着中国成为继美、日等少数国家之后,能独立设计和制造巨型计算机的国家。

改革开放前,由于没有高性能的计算机,我国勘探的石油矿藏数据和资料不得不用飞机送到国外去处理,不仅费用昂贵,而且受制于人。国家将这一任务交给了中国国防科技委员会,并点名要中国国防科技大学承担研制任务。

图 1.77　"银河一号"计算机

中国国防科技大学虽然是国内最早研制计算机的单位,但此前为"远望号"测量船研制的"151"机,每秒运算速度只有 100 万次,而现在要研制每秒运算一亿次的机器,显然计算机运算速度一下要提高 100 倍,其难度不言而喻。但经过 5 年没日没夜的顽强拼搏,科研人员闯过了一个个理论、技术和工艺难关,攻克了数以百计的技术难题,创造性地提出了"双向量阵列"结构,大大地提高了机器的运算速度,提前一年完成了研制任务。经测试,系统达到并超过了预定的性能指标,机器稳定可靠,且经费只用了原计划的五分之一。张爱萍将军亲自挥笔将巨型计算机命名为"银河"。

1983 年 12 月 26 日,我国第一台命名为"银河"的亿次巨型计算机正式通过国家技术鉴定,这是我国改革开放初期在科技领域取得的一个重大成果。

1.32 "神威·太湖之光"超级计算机

"上学的时候,最烦和最骄傲的事情就是学校停电!"毕业于无锡太湖学院的小穆每每回忆起校园生活时都会这样说道:"学校里的那个'庞然大物'一旦全速运转,全校就会停电,无论你是在看电视,还是在打电脑游戏,都需要接受这一事实,就连校长也不例外!"小穆所指的庞然大物就是"神威·太湖之光",一台运算能力惊人的超级计算机。

"神威·太湖之光"超级计算机,如图 1.78 所示,是由国家并行计算机工程技术研究中心研制、安装在国家超级计算无锡中心的超级计算机。它安装了 40 960 个中国自主研发的"申威 26010"众核处理器,该众核处理器采用 64 位自主申威指令系统,峰值性能为 12.5 亿亿次/秒,持续性能为 9.3 亿亿次/秒。

72

图 1.78 "神威·太湖之光"超级计算机

另外,"神威·太湖之光"超级计算机由 40 个运算机柜和 8 个网络机柜组成。每个运算机柜比家用的双门冰箱略大,打开柜门,4 组由 32 块运算插件组成的超节点分布其中。每个插件由 4 个运算节点板组成,一个运算节点板又含 2 块"申威 26010"高性能处理器。一台机柜就有 1 024 块处理器,整台"神威·太湖之光"共有 40 960 块处理器。每个单个处理器有 260 个核心,主板为双节点设计,每个 CPU 固化板载 DDR3 内存为 32GB。

1.33　京津城际铁路开通运营

京津城际铁路又称京津城际轨道交通,如图 1.79 所示,是一条连接北京市和天津市的城际客运专线,也是中国大陆第一条高标准、设计时速为 350 千米的高速铁路。京津城际铁路连接北京、天津两大直辖市,起点为北京南站,终点为天津站,线路全长 120 千米,其中无砟轨道长度为 113.6 千米。全线设北京南、亦庄、永乐、武清、天津 5 个车站。线路通过繁华市区,以桥梁和路基工程为主,全线 2005 年 7 月 4 日正式开工,2008 年 8 月 1 日正式开通运营。2014 年 2 月 10 日 ,京津城际列车实施新的运行图。2014 年 9 月 26 日下午,京津城际铁路通过验收。

京津城际铁路运行的动车组列车采用全自动电子控制驾驶系统,在风、雪、雨、雾、雷等恶劣气候条件下,可以安全运行。京津城际铁路动车组列车运行由中央集中控制系统发布列车运行信息,车载雷达实时接收运行数据和指令,传递给车载计算机,自动调整各列车间的追踪间隔,防止列车超速和冒进信号。当前行列车发生故障后,后面的列车能够直接得到信息而减速或停车;当线路上出现异物或断轨后,列车运行控制系统会迅速做出反应。

作为中国第一条运营时速达到 300 千米以上的客运专线,京津城际铁路是中国铁路客运专线的示范工程,是京沪高速铁路的独立综合试验段,构建了中国高速铁路建设管理和技术标准体系,为建设世界一流高速铁路提供了技术支撑和宝贵经验,为实现我国高铁"走出去"战略奠定了重要

图 1.79　京津城际铁路

基础。京津城际铁路建成运营后,在北京和天津之间形成了半小时经济圈,加速了两地人员流动,促进了区域间资源共享和优化配置,和京沪、京广高铁一同对推动京津冀协同发展发挥了重要作用。

　　京津城际铁路旅客发送量从 2008 年的 635 万人次,逐年递增至 2013 年的 2 585 万人次,截至 2013 年底累计发送旅客 1.2 亿人次,平均客座率 72%,至 2017 年累计发送旅客量已超过 2 亿人次,运能运力不断创新高。京津城际铁路的开通,带火了沿线的人流和物流,以城际铁路为骨干,多功能、多层次、多方位、立体式快速高效综合交通网逐步建立,京津城际半小时工作、生活交通圈效应日渐凸显。京津冀交通一体化,必将对京津冀协同发展发挥更大的推动作用。

1.34　青岛港全自动化码头

大家知道"码头"的来历吗？从字面上看,码头的"码"字是由"石"旁和"马"字组成！据说,古代还没有汽车的时候,古人都是以马代步,遇到江湖河流要等渡船过河。古时候的渡船除了帆船就是艄公人工摇桨的桨船,行人在河岸边等渡船往往要很长时间,这等的时间长了马就不能老牵在手上,河边遍地只有石头,于是行人就搬块大石头到岸边,把马的缰绳拴在上面,并坐在石头上慢慢等待渡船,久而久之,大家就把这拴马等渡船的地方叫作"码头"。其实"码头"的地名,在宋时叫作"鳌头"(河运装卸的码头),古时候作为晋江流域货物集散地之一:由泉州沿晋江上运货物,经东溪上溯直至"鳌头"停泊起卸,内地山货即由此下船装运至泉州等地,后以"码头"取代"鳌头"。

2017 年 5 月 11 日,青岛港全自动化码头投入商业运营,如图 1.80 所示。载箱量 13386 标准箱的外贸集装箱船"中远法国"轮正在进行靠泊作业,与传统码头不同,整个作业现场"空无一人",生产作业在智能控制系统的指挥下,有序进行着。

该码头全部采用世界一流的全自动化的技术设备,如图 1.81 所示,颠覆了传统集装箱码头作业模式、管理模式,实现了工艺流程化、决策智能化、执行自动化、现场无人化、能源绿色化。这是亚洲首个正式投入运营的全自动化码头,比传统码头作业的效率提升 30%,节省工作人员 70%,而成本下降 20%~30%,码头设计作业效率可达每小时 40 自然箱,堆场利用率提升 10%,是世界装卸效率最快的集装箱码头。

这种全自动化码头具有安全、绿色、高效、智能等优点,是目前自动化程度最高、装卸效率最快的集装箱码头。仅用三年多时间完成了国外同类码头 8~10 年的研发建设任务,建设成本仅为国外同类码头的 75% 左右,开创了低成本、短周期、高起点、全智能、高效率、更安全、零排放的"青岛模式"。这标志着当今世界最先进,亚洲首个真正意义上的全自动化集装

图 1.80　青岛港全自动化码头

图 1.81　全自动化技术设备

箱码头在青岛港正式投产,并且实现了全自动化码头从概念设计到商业运营,开创了全自动化集装箱作业的新纪元。

1.35　智能交通系统

2007 年,上海市发布了"城市道路交通信息智能化系统及平台软件",该平台整合了交通运输系统信息资源,实现了部门间信息共享,大大改善了交通状况。该平台软件属于国内首个工程化实施的大城市道路交通信息集成智能化应用系统,如图 1.82 所示,该系统旨在解决城市道路交通信息系统建设所存在的系统独立、信息资源分散、难以共享的问题。项目依托"上海市中心区道路交通信息采集发布系统工程",综合应用多学科多专业技术(如交通工程、计算机、通信、网络、自动化、电子工程等),针对海量、异构、分布的交通信息中采集、融合、处理和应用的技术难点,通过高科技手段缓解特大型城市交通拥堵的情况,该项目是国内首个工程化实施的、大规模的(特大型城市)城市道路交通信息集成和智能化应用系统。

77

图 1.82　城市道路交通信息智能化系统

本项目的社会效益可以归纳为:(1)为政府管理部门提供了及时准确

的数据,为交通疏导、控制、管理、规划和组织提供了有效的技术支撑;(2)有效缓解了交通拥挤、减少交通事故;(3)研发了具有自主知识产权的平台软件及关键产品设备,填补了多项国内空白,形成新的产业链和经济增长点。

智能交通系统的经济效益明显:(1)2003 年至 2005 年直接经济效益:新增产值累计达到 1.5 亿,新增利税累计达到 1 500 多万,取代国外同类产品进口累计近 1 000 万;(2)系统 2004 年底开通后,通过改善交通带来的间接经济效益,相当于增加了 3.5 千米长的高架道路,节约了 10 亿~12.5 亿元的建设资金。

从技术研究的角度,交通信息融合技术与多模式交通信息服务技术是充分发挥先进的交通信息系统效益的核心部分,如图 1.83 所示。具体而言,多源异构海量交通数据的融合是将来自不同部门的不同格式的交通数据进行融合,实现交通数据的相互补充、相互验证,从而生成统一的规范化的交通信息,是智能交通系统发展过程中必须解决的关键技术;多模式交通信息服务技术是在目前已经实现的基于电子地图的车载导航的基础上,整合了交通信息服务产业的发展,将来不仅可以为出行者提供静态的地图

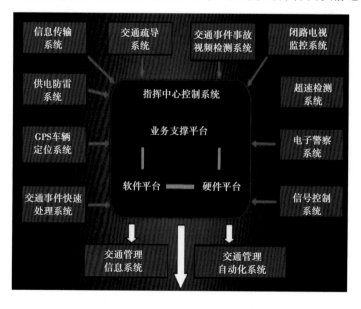

图 1.83 智能化交通结构图

指路服务,而且可以将实时动态变化的道路交通状态信息(阻塞、拥挤或畅通)通过多种方式(车载导航设备、手机、互联网等)发布到出行者的接收终端上。将来每个人都可以根据自己的需要选择最有利的出行时间与路线方案,最大程度地减少了无奈且焦虑的堵车体验。

1.36　温室大棚自动化栽培系统

温室自动控制系统,如图 1.84 所示,是专门为农业温室、农业环境控制、气象观测开发生产的环境自动控制系统。可测量风向、风速、温度、湿

图 1.84　温室大棚自动化栽培系统

79

度、光照、气压、雨量、太阳辐射量、太阳紫外线、土壤温湿度等农业环境要素,根据温室植物生长要求,自动控制开窗、卷膜、风机湿帘、生物补光、灌溉施肥等环境控制设备,自动调控温室内环境,达到适宜植物生长的范围,为植物生长提供最佳环境。

智能温室自动化控制系统是根据温室大棚内的温湿度、土壤水分、土壤温度等传感器采集到的信息,接到上位计算机上进行显示、报警、查询。监控中心将收到的采样数据以表格形式显示和存储,然后将其与设定的报警值相比较,若实测值超出设定范围,则通过屏幕显示报警或语音报警,并打印记录,如图 1.85 所示。

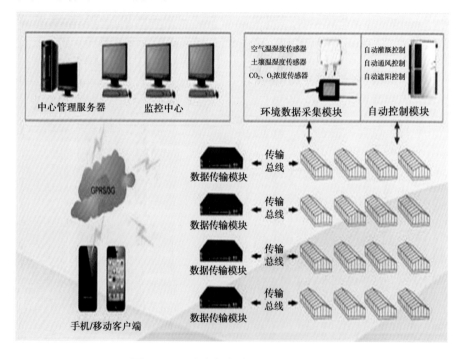

图 1.85　温室大棚自动化控制系统模型

温室自动化控制系统注重于节省劳动力,提高温室生产的效率和技术水平,实现温度、湿度的测量记录和卷帘、滴灌等设备的自动化控制,实现农机和农艺的有机结合,从而大幅度提高温室生产的技术水平,协助推进设施农业向精品、高端、高效方向发展。

现代化温室为园艺带来新的技术优势,使种植者追求更高环境控制效果的愿望变得可能,但是更高效、更高产、更低能耗、更环保的实际要求增加了设备控制的复杂程度。不同控制水平的自动化,能够不同程度地帮助种植者从简单的设备控制,到综合的气候调节,再到持续的环境监测,实现高效增产、低耗环保的生产需要。温室大棚自动化控制系统也可用于温室花卉的培育,已成为众多花卉园的选择。

1.37　自动化生产线

自动化生产线是指按照工艺过程,把一条生产线上的机器联结起来,形成包括上料、下料、装卸和产品加工等全部工序都能自动控制、自动测量和自动连续的生产线。

自动化生产线,如图 1.86 所示,是产品生产过程所经过的路线,即从原料进入生产现场开始,经过加工、运送、装配、检验等一系列生产线活动所构成的路线。狭义的生产线是按对象原则组织起来的,完成产品工艺过

图 1.86　自动化生产线

程的一种生产组织形式,即按产品专业化原则,配备生产某种产品(零部件)所需要的各种设备和各工种的工人,负责完成某种产品的全部制造工作,对相同的劳动对象进行不同工艺的加工。

过去,人们对自动化的理解或者说自动化的功能目标是以机械的动作代替人力操作,自动地完成特定的作业。这实质上是自动化代替人的体力劳动的观点。后来随着电子和信息技术的发展,特别是随着计算机的出现和广泛应用,自动化的概念已扩展为用机器(包括计算机)不仅代替人的体力劳动,而且还代替或辅助脑力劳动,以自动地完成特定的作业。

随着科技的发展,自动化生产线变得更加智能化了。例如在汽车工业、电子工业、核工业等工业部门,自动化的应用极大地提高了劳动生产率,减轻了劳动强度,实现了安全生产,保障了产品质量,降低了成本。尤其是在高温、高压、低温、低压、粉尘、易爆、有毒气体及放射性等恶劣的环境中,通过数据传送到机器,代替人工,再通过自动检测把数据反馈给操作者,这样工作者就可以通过远程操控进行加工了,所以自动化生产线在当代仍然具有极其重要的作用。

自动化设备及生产线是由以下五部分构成的:机械本体部分、检测机传感器部分、控制部分、执行机构部分、动力源部分。

以格力为新能源电池打造的自动化生产线来举例说明:

格力为新能源电池打造的无人自动化生产线,成功地将工厂产能从每天 2 400 块/条提升至每天 3 000 块/条,良品率从 85% 左右提升至 95% 以上。在这无人自动化生产线的运作下,工厂每天能增加生产 600 块电池,相当于每年增加 900 万元利润。与此同时,工厂每年可节省 230 万元的人工成本。

智能轮胎生产的过程中,如图 1.87 所示,已经完全不需要人力劳动,现场技术人员所要做的工作就是检查现场的各种设备是否运行正常。轮胎制造作为传统的企业,通过智能化改造,可以大大提高企业的市场竞争力。

在大批量生产中采用无人化自动生产线,能大幅提高劳动生产率,稳定和提高产品质量,改善劳动条件,同时缩减生产占地面积,降低生产成

图 1.87　轮胎自动化生产线

本,缩短生产周期,保证生产均衡性。简而言之,在制造业,无人化自动生产线能提高效率,创造显著的经济效益。

83

1.38　自动化在钢铁业的应用

随着钢铁工业的发展,对控制水平提出了越来越高的要求,从而加速了自动化技术的发展和进步,而采用新的自动化技术装备的企业,能够获得更加显著的技术、经济和社会效益,自动化技术在钢铁工业中的应用尤其如此。钢铁工业自动化控制系统经过多年的发展,已日趋完善。钢铁冶金行业对自动化技术的需求比较大,如图 1.88 所示,体现出了钢铁冶炼和加工自动化技术的优势。自动化技术在钢铁冶金行业中起到重要的作用,一方面提高了钢铁冶金的自动化水平,另一方面改进了钢铁冶金的生产工艺,体现了技术型的控制优势。自动化技术成为钢铁冶金行业的重点,表现出良好的发展趋势。

图 1.88　钢铁企业自动化生产线

现代冶金行业中基础自动化是生产过程中最基础的部分,生产工艺越复杂,基础自动化的程度也就越高,20 世纪 70 年代以前,我国钢铁企业普遍采用单回路控制,控制设备为常规仪表,控制水平简单。20 世纪 90 年代以后,我国冶金行业自动化发展较快,在过程优化与信息化的要求下,控制装备方面以 PLC(可编程逻辑控制器)、DCS(集散控制系统)、FCS(现场总线控制系统)等为主,控制水平也已经达到准无人化水平。

自动化技术改善了钢铁冶金行业的发展,促使其在未来具备良好的发展趋势。钢铁冶金行业的自动化发展,提高了对自动化技术的应用力度,也是自动化技术未来发展的驱动因素。自动化技术提升了钢铁冶金行业的发展水平,完善了钢铁冶金制造的环境,体现了自动化技术的应用价值和优势,缓解了钢铁冶金行业的发展压力。

1.39　自来水厂自动化系统

自来水厂
自动化系统

　　水是生命之源,我们的日常生活离不开水,人体一天所需的饮水量大概是 2.5 升,我们的生活用水大多来自自来水厂的供给,可以说水的质量直接影响我们的生命质量。

　　随着科技的发展,自来水厂自动化系统已经可以解决以前的自来水厂供水质量不高、供水效率不高、供水浪费等问题,现在的自来水厂经过自动化改造,可以产生明显的社会效益和经济效益。

　　自来水厂自动化系统,如图 1.89 所示,能可靠地实现对各水处理设备以及各个生产环节全过程的自动监控,达到"现场无人值守、控制中心少人值班"的自动化程度,使得整个水厂实现自动化控制。水厂实现自动化的根本目的是提高生产的可靠性和安全性,实现优质、低耗和高效供水,获得良好的经济效益和社会效益。

图 1.89　自来水厂自动化系统

水厂中自动化控制系统长期实践表明,自动化控制系统非常适用于自来水厂的生产运营,商业潜力非常大。将自动化控制系统应用于自来水厂中,有效提高了自来水厂的生产效率,出水质量更加稳定,耗能也更低,值得大力推广。

1.40　自动化在火电厂的应用

自动化在火电厂
的应用

虽然目前各种发电方式较多,但就国内的电厂发电来看,火力发电仍然占有较大的比重。这主要是因为受自然因素的影响,水力发电、风力发电和太阳能发电对负荷的调节困难,而火力发电则不受限制。近年来,在火力发电领域中,自动化技术的运用日益广泛,结合对网络化、信息化系统的合理运用,不仅可推动电气信息化的发展和应用,还能够实现发电厂运行效率的提升,对确保电厂的安全性、可靠性及经济性等方面来说,发挥了重要作用。

火电厂自动化系统如图 1.90 所示,包括锅炉自动化系统、汽机自动化系统、电气保护自动化系统和电力调度系统等。发电厂自动化技术的运用,使得发电生产系统活力大增;不仅实现了资源利用率的提升,同时也为电力生产销售的集约化发展奠定了基础;不仅推动了火电系统结构的优化,同时还节约了资源。

发电厂电气系统中自动化技术的运用,可结合网络实现对发电过程中设备的监控,结合计算机控制系统,实现动态数据到更为直观的曲线等的转换,由此进一步完成对输出电能、运行状态等数据信息的监控。同时,若操作不当而导致了相关的误操作发生,此时还可实现对这部分信息的上报,并结合监控设备对此提出警告,减少了危险状况发生的概率。

86

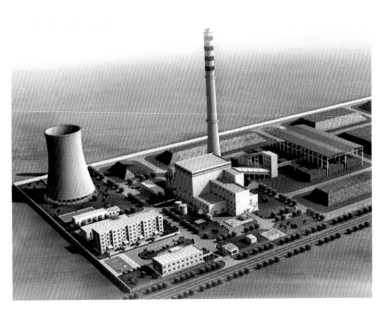

图 1.90　火电厂中的自动化

第 2 章 世界自动化发展历史

概　述

人类文明的发展、生产方式的进步是生产工具使用的结果，生产工具的使用孕育着自动化的发展。自动化的早期发展应用可追溯到 3 000 多年前，自动化广泛运用在各行各业之中，极大提高了生产力，解放了生产力，提高了人们的生活水平，世界许多技术领域都蕴含着自动化的思想和理念。

2.1　古希腊的水钟

在公元前 300 年，古希腊就运用自动化理念，设计出了水钟。古希腊水钟工作原理：水钟由上中下三个水箱构成——上水箱提供水源，中水箱稳定液位，下水箱用于计时。中水箱上面的锥形浮子是个调节机构，形成了反馈控制。当中水箱液位升高时，浮子上升，上水箱流出的水量减少，导致液位下降；当中水箱液位降低时，浮子下降，上水箱流出的水量增加，导致液位上升，最终中水箱液位稳定在某一稳定值附近。由于中水箱液位比较稳定，流出中水箱的水量基本恒定，下水箱的液位会随时间成比例地增加，从而可通过刻度指示时间，如图 2.1 所示。

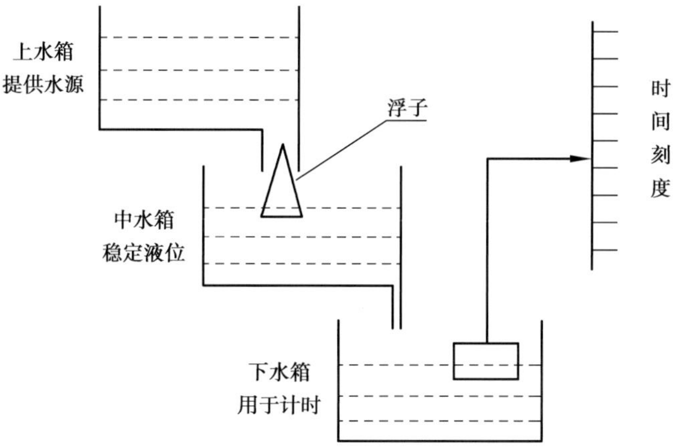

上水箱
提供水源

浮子

时
间
刻
度

中水箱
稳定液位

下水箱
用于计时

图 2.1　古希腊水钟工作原理图

2.2　汽转球蒸汽机

汽转球蒸汽机

汽转球是已知最早以蒸汽转变成动力的机器,在公元 100 年时由亚历山大里亚的希罗(Heron)发明,如图 2.2 所示。汽转球结构是由一个空心的球和一个装有水的密闭锅子以两个空心管子连接在一起组成。在锅底加热使水沸腾然后变成水蒸气,再由管子进入到球中,最后水蒸气会由球体的两旁喷出并使得球体转动。

汽转球蒸汽机是怎样体现出自动化的呢? 通过对汽转球原理的分析即可知晓。当我们对装满水的密闭容器进行加热时,通过管道将水蒸气传送到空心球中,通过空心球上两个呈现 90 度对称的管子向外喷气,使空心球转动起来,这其中没有任何人力的作用,空心球的自转其实就是自动化的体现。

汽转球是最早产生的蒸汽机,其中的蒸气原理给后人在蒸汽机领域的探索提供了重要的基础。

希罗所发明的汽转球,是有文献记载以来的第一部将蒸汽转化为机械能的机器,它比工业革命蒸汽机的发明早 2 000 年。

89

图 2.2　希罗(Heron)与他发明的汽转球

90

2.3　风车与风力发电

  风车是一种利用风力驱动的带有可调节的叶片或梯级横木的轮子转子所产生的能量来运转的机械装置。古代的风车,是从船帆发展起来的,它具有 4 副像帆船那样的篷,分布在一根垂直轴的四周,风吹时像走马灯似的绕轴转动,叫走马灯式的风车。这种风车因效率较低,已逐步为具有水平转动轴的木质布篷风车和其他风车取代,如"立式风车""自动旋翼风车"等,如图 2.3 所示。

  风能资源是清洁的可再生能源,安全、清洁是一种取之不竭的本地资源,可为我们提供长期稳定的能源供应。风力发电,如图 2.4 所示,是新能源领域中技术最成熟、最具规模、最具开发商业化发展前景的发电方式之

图 2.3　风车

一。发展风电对于保障能源安全、调整能源结构、减轻环境污染、实现可持续发展等都具有非常重要的意义。

风力发电的原理是利用风力带动风车叶片旋转,再透过增速机将旋转的速度提升,来促使发电机发电。依据风车技术,微风便可以开始发电。风力发电正在世界上形成一股热潮,因为风力发电没有燃料问题,也不会产生辐射或空气污染。风力发电在芬兰、丹麦等国家很流行,我国也在西部地区大力提倡。小型风力发电系统效率很高,但它不是只由一个发电机

图 2.4　风力发电

头组成的,而是一个有一定科技含量的小系统——风力发电机、充电器和数字逆变器,风力发电机由机头、转体、尾翼、叶片组成,每一部分都很重要。各部分功能为:叶片用来接受风力并通过机头转为电能;尾翼使叶片始终对着来风的方向从而获得最大的风能;转体能使机头灵活地转动以实现尾翼调整方向的功能;机头的转子是永磁体,定子绕组切割磁力线产生电能。风力发电机因风量不稳定,故其输出的是 13~25 伏变化的交流电,须经充电器整流,再对蓄电瓶充电,使风力发电机产生的电能变成化学能,然后用有保护电路的逆变电源,把电瓶里的化学能转变成交流 220 伏市电,才能保证稳定使用。通常人们认为风力发电的功率完全由风力发电机的功率决定,总想选购大一点的风力发电机,而这是不正确的,风力发电机只是给电瓶充电,而由电瓶把电能储存起来,人们最终用电功率的大小与电瓶大小有更密切的关系。

2.4　希腊火

　　希腊火是拜占庭帝国所发明的一种可以在水上燃烧的液态燃烧剂,为早期热兵器,主要应用于海战中。"希腊火"或"罗马火"只是阿拉伯人对这种恐怖武器的称呼,拜占庭人自己则称之为"海洋之火""流动之火""液体火焰""人造之火"和"防备之火"等。根据文献记载,希腊火为拜占庭帝国的军事胜利作出颇大的贡献,一些学者和历史学家认为它是拜占庭帝国(东罗马帝国)能持续千年之久的原因之一。希腊火的配方现已失传,成分至今仍是一个谜团,而据当时受希腊火所伤的十字军所记述:"每当敌人用希腊火攻击我们,所能做的事只有屈膝下跪,祈求上天的拯救。"这段引文足以说明希腊火的威力。

　　利奥六世皇帝在其《战术学》中指出,这种"人造火"用虹吸管喷出,而此管由青铜制成,放在战船的前端,能将火射向上下左右各个方向。士兵则用小手筒从铁盾后面放出火,如图 2.5 所示。

93

图 2.5　希腊火

希腊火当遇水的时候火势会更猛烈,可作海上兵器。随着机械工程的进步和改良,在较晚期的时候,希腊火不是用以投掷,而是把它装到包有黄铜的木管中,利用帮浦原理,以它的膨胀力和水的压力造成喷射装置,把燃烧中的希腊火射到一定的距离(像现代的火焰发射器一样)。这种方法对木制的敌船所造成的伤害极大,而且它也是对付在城外攻城敌军的有效武器。在拜占庭的历史中,有不少文献记载了当时的海军使用这种可怕的秘密武器,屡次成功驱逐入侵者的例子。

一般认为,希腊火的发射装置大概由油罐、手动气泵、导管、管口引火机等组成。油罐安置在船的甲板之下,导管则由一个力大的士兵抱持着,可以根据情况调整高度和角度。手动气泵的作用非常关键,因为它是喷射希腊火的动力源。在喷射之前,首先对希腊火进行加热和增压,这样阀门打开之后,它便会汹涌而出,而喷射器管口的引火机关,则会随时引燃流过的液体,喷出威力无比的火焰。

94

2.5　火绳枪

中国古代的火枪、阿拉伯的马达法、欧洲的火门枪都是用手持点火物引火发射,在战场上使用非常不便。大约在 1450 年,欧洲火器研究者将手持点火改进为半机械式的点火装置:在枪托的外侧或上部开一个凹槽,槽内装一根蛇形杆,杆的一端固定,另一端构成扳机,可以旋转,并使用一个夹子夹住用硝酸钾浸泡过的能缓慢燃烧的火绳。枪管的后端装有一个火药盘,发射时,扣动扳机,机头下压,燃着的火绳进入火药盘点燃火药,将弹丸或箭镞射出。通过给枪托加装护木,使火枪可以抵肩射击。到 15 世纪后半期,欧洲的火绳枪又有了相当的进步。

1499 年,在意大利那不勒斯市的一份清单上,记载了一种被称为"滑膛枪"的火绳枪。此名称来自意大利语"Moschetto"(一种雀鹰),意思是此枪与"隼"和"鹰"一样威猛。因其枪身较重,故附有脚架,该火绳枪在 1521 年的意大利恰拉比战役中首次使用。德国一名叫布莱尔的收藏家也收藏了一支制作于 1493—1519 年的火绳枪,全长 1 430 毫米,枪身长 550 毫米、柄长 880 毫米,口径 30 毫米,枪管为八棱形,护木前端装有一个固定用的卡笋,可以与三脚架连接,由 2 名射手进行发射。

16 世纪西班牙的穆什克特火绳枪代表了当时欧洲火绳枪的先进水平。该枪口径 23 毫米,质量 10~11 千克;全弹质量 50 克,最大射程 250 米,有效射程 100 米;采用机械式瞄准具,每分钟可发射 2 发。虽然枪很笨重,大多时候只能用叉形座来支撑发射,但射出的铅制弹丸威力极大,能在 100 米内击穿骑士所穿的重型胸甲(当时大多数武器在 80 米以外几乎不能造成任何伤害)。西班牙人就是用这种武器征服了庞大的印加帝国。火枪传于 16 世纪传入日本,并将其称为"铁炮",日本在欧洲火枪的基础上研发了"国友筒"与"三连筒""堺筒""萨摩筒"等。质量良好的火枪,由织田信长与德川家康对武田胜赖的战役中得到充分运用,使得日本真正认识了"铁炮"的威力,并且开始大批量生产"铁炮"。

火绳枪,如图 2.6 所示,是靠燃烧的火绳来点燃火药,在火器发展史上具有里程碑的意义,是现代步枪的直接原型。火绳枪的出现也改变了战争的形态,伴随着火绳枪的发展,人类的战争从冷兵器进入热兵器时代。

火绳枪上有一金属弯钩,弯钩的一端固定在枪上,并可绕轴旋转,另一端夹持一燃烧的火绳。士兵发射时,用手将金属弯钩往火门里推压,使火绳点燃黑火药,进而将枪膛内装的弹丸发射出去。由于火绳是一根在硝酸钾或其他盐类溶液中浸泡后晾干的麻绳或捻紧的布条,能缓慢燃烧,燃速大约每小时 80~120 毫米,这样,士兵将金属弯钩压进火门后,便可单手或双手持枪,枪口始终瞄准目标,如图 2.7 所示。

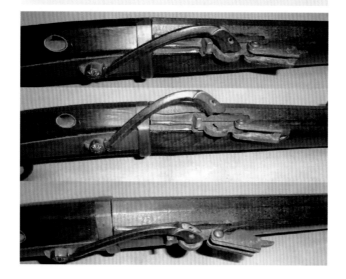

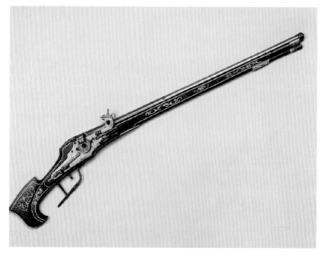

图 2.6　火绳枪

图 2.7　惠更斯

火绳枪使用过程：

①清理引火孔和引药锅。火药残渣阻塞引火孔,这是火枪常出现的毛病。

②将引药倒入引药锅,并合上引药锅盖。

③拧开装发射药的小瓶,将发射药从枪口倒入。

④将预先含在嘴中的弹丸(当时火枪兵普遍习惯)从枪口装入。

⑤从枪管下抽出通条,捣实弹丸和发射药。

⑥点燃火绳:火绳燃烧速度较快,加上点燃后容易暴露,所以,不到射击前一般不点燃火绳。

⑦把火绳固定在火绳夹(也就是后来枪的击锤)上。由于此时引药锅盖是关上的,所以不用担心火绳的火星引燃引药造成走火。

⑧扣动扳机,火绳落下的同时,引药锅盖打开。引药点燃发射药,弹丸发射为了避免火药灼伤眼睛以及火光耀眼,在射击最后关头,枪手是闭眼的。

97

2.6　机械钟

　　克里斯蒂安·惠更斯(1629—1695年),如图2.7所示,荷兰人,世界知名物理学家、天文学家、数学家和发明家,机械钟(他发明的摆钟属于机械钟)的发明者。

　　惠更斯自幼聪慧,13岁时曾自制一台车床,表现出很强的动手能力。1645—1647年在莱顿大学学习法律与数学,1647—1649年转入布雷达学院深造。他致力于力学、光波学、天文学及数学的研究。他善于把科学实践和理论研究结合起来透彻地解决问题,因此在摆钟的发明、天文仪器的设计、弹性体碰撞和光的波动理论等方面都有突出成就,如图2.8所示。

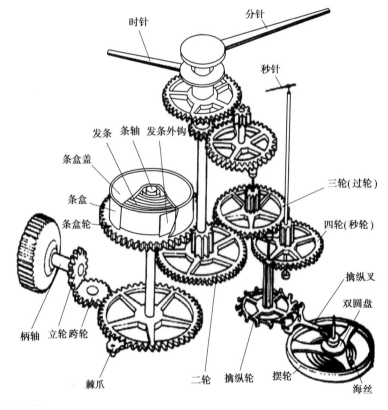

图 2.8　机械钟结构

1663 年他被聘为英国皇家学会第一个外国会员,1666 年刚成立的法国皇家科学院选他为院士。惠更斯体弱多病,一心致力于科学事业,终生未婚,1695 年 7 月 8 日在海牙逝世。他还推翻了牛顿的微粒说。

一个钟摆,一会儿朝左,一会儿朝右,周而复始,来回摆动。钟摆总是围绕着一个中心值在一定范围内作有规律的摆动,所以被冠名为钟摆理论。摆是一种实验仪器,可用来展现种种力学现象。最基本的摆由一条绳和一个锤组成。锤系在绳的下方,绳的另一端固定,当推动摆时,锤来回移动。摆可以作一个计时器。

2.7　风　磨

1745 年,英国机械师 E.李发明了带有风向控制的风磨,如图 2.9 所示,利用尾翼来使主翼对准风向,通过其他方向来风吹动尾翼来使主翼面向来风向。

99

图 2.9　风磨

普通的风磨,只有当扇叶的一方来风时,才可以运行起来,而 E.李发明的带有风向控制的风磨可以掌控四面八方的来风,只要有风吹过来,就可以运行,带有风向控制功能的风磨的尾翼就是一种自动化的体现,通过尾翼来自动调整主翼的方向。

2.8　浮子阀门式水位调节器

浮子阀,是用来控制水位的阀门装置。

一般的浮子阀由阀体、阀瓣、丝堵、压簧、杠杆、浮子、连管、锁母体等构成。

1765 年,俄国机械师波尔祖诺夫发明了浮子阀门式水位调节器,如图 2.10 所示,用于蒸汽锅炉水位的自动控制。

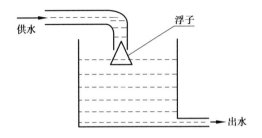

图 2.10　水位调节器原理图

自动控制锅炉的水位:当我们利用供水管道向锅炉注水时,锅炉里的浮子就往上升。当浮子靠近供水管道出口时,供水管道出口截面积变小;当再次上升一定位置时,浮子将供水管道的出口给堵住。如果我们的锅炉一边注水一边出水时,就可以通过浮子的上下浮动来控制锅炉的水位。当注水大于出水时,浮子到供水管道的出口,减小进水量;当出水大于注水时,浮子则往下降,打开供水管道补水。

2.9　离心式调速器

离心式调速器

英国人瓦特从小就喜欢搞发明创造,发奋学习各种科学文化知识。1769 年,瓦特在大量试验的基础上,经过了无数次失败,终于制成了一台单动式蒸汽机,并且获得了第一台蒸汽机的专利权。1788 年,瓦特用离心

式调速器自动控制蒸汽机的速度,如图 2.11 所示,开创了近代自动调节装
置应用的新纪元,对第一次工业革命及后来控制理论的发展有重要影响。
图 2.12 细致地展示出安装离心调速器的蒸汽机。据说调速器并不一定是
瓦特的发明,不过瓦特想到把它装在蒸汽机上,也是一件了不起的创新。
这种调速器的构造是利用蒸汽机带动一根竖直的轴转动,这根轴的顶端有
两根铰接的等长细杆,细杆另一端各有一个金属球。当蒸汽机转动过快
时,竖轴也转动加快,两个金属小球在离心力作用下,由于转动快而升高,
这时通过与小球连接的连杆将蒸汽阀门关小,从而蒸汽机的转速也随之降
低。反之,若蒸汽机的转速过慢,则竖轴转动慢了,小球的位置便开始下
降,这时连杆随之将阀门开大,从而使蒸汽机转速加快。

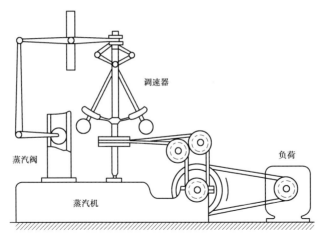

图 2.11 离心式调速器自动控制蒸汽机的速度

离心调速器是一个基于力学原理的发明,是蒸汽机能普及应用的关
键,也是人类自动调节与自动控制的开始。由于人们能够自由地控制蒸汽
机的速度,才使蒸汽机应用于纺织、火车、轮船、机械加工等行业,才使人类
大量使用自然原动力成为可能,这才有产业革命的第二阶段。

离心调速系统实物是一个锥摆结构连接至蒸汽机阀门,利用负反馈的
原理控制蒸汽机的运行速度。这也是蒸汽机的第一个自动控制系统。该
离心调速系统原理图,如图 2.13 所示。

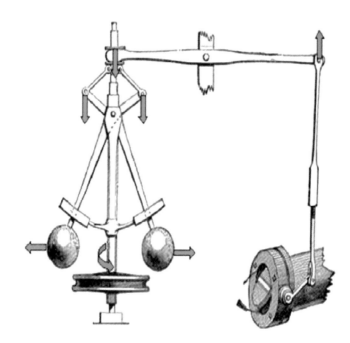

图 2.12　离心调速器实物图

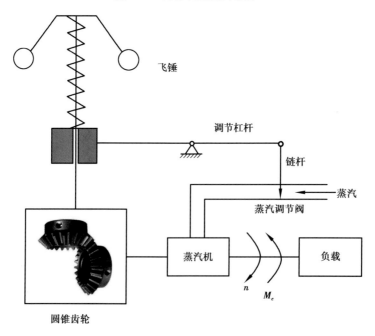

图 2.13　离心调速器系统原理图

2.10　空气调节系统

威利斯·哈维兰·卡里尔,美国人,1876 年 11 月生于纽约州,24 岁从美国康奈尔大学毕业后,供职于制造供暖系统的布法罗锻冶公司,机械工程师。1901 年夏季,纽约地区空气湿热,纽约市布鲁克林区的萨克特·威廉斯印刷出版公司由于湿热空气生产大受影响,油墨老是不干,纸张大小因温热胀缩,印出来的字迹模模糊糊。为此,印刷出版公司找到了布法罗锻冶公司,寻求一种能够调节空气温度、湿度的设备。布法罗锻冶公司将此任务交给了富有研究精神的年轻工程师卡里尔。卡里尔想:充满蒸汽的管道可以使周围的空气变暖,那么将蒸汽换成冷水,使空气吹过水冷盘管,周围不就凉爽了;而潮湿空气中的水分冷凝成水珠,让水珠滴落,最后剩下的就是更冷、更干燥的空气了。基于这一设想,卡里尔在 1902 年 7 月 17 日给萨克特·威廉斯印刷出版公司安装了一台自己设计的设备,取得了较好的效果,世界上第一台空气调节系统（简称空调）由此产生,如图 2.14 所示。值得一提的是,空调发明后的最初 20 年间,享受空调的对象一直是机器,而不是人,主要是用于印刷厂、纺织厂。

1915 年,卡里尔与 6 个朋友集资 32 万美元,成立了制造空调设备的卡里尔公司（中国译名开利公司）,1922 年该公司研制成功了具有里程碑意义的产品——离心式空调机。从此空调效率大大提高,调节空间空前增大,使人成为空调服务的对象。接下来具有轰动意义的事接踵发生:1924 年卡里尔公司为底特律的赫德逊大百货公司安装了空调,1925 年为纽约里沃利大剧院安装了中央空调。大商场安装了空调,顾客们夏天购物的心情大不一样;大剧院安装了中央空调,清凉彻底征服了观众。以后 5 年,卡里尔公司给 300 多家商场和影剧院送去了清凉,空调从此进入了迅猛发展的时期。1928 年美国国会安装了空调,1929 年白宫安装了空调,1936 年空调开始进入飞机,1939 年开始出现汽车空调,1962 年第一套冷暖空调应用于太空领域。

图 2.14 世界上最早的空调

　　卡里尔推出第一代家用空调是 1928 年,由于第二次世界大战打断了家用空调的普及过程,直至"二战"结束,随着 50 年代的经济腾飞,家用空调进入发达国家的千家万户,我国在改革开放后,经济发展迅速,空调也进入了千家万户。

　　空调常见的空气处理过程如下:

　　加热过程:利用热源、热媒加热空气的过程。空气在加热过程中只有温度的变化,含湿量不变,属于显热传递过程。主要使用表面式空气加热器加热空气。

　　冷却过程:利用冷源、冷媒来冷却空气的过程。在空气冷却过程中如果含湿量不变,则只存在显热传递;如果有水分凝结,即空气的含湿量减少,则同时存在显热传递和潜热传递,将此过程称作冷却减湿过程。主要使用空气冷却盘管和喷水室冷却空气。

　　加湿过程:增加被处理空气中的水蒸气含量的过程,属于潜热传递过程。通常用喷水或喷蒸汽的方法增加空气湿度。

　　减湿过程:把水蒸气从被处理空气中分离出来以降低空气含湿量的过程,或称去湿。除使用前述冷却法减湿外,还可使用液体吸湿剂法(吸收法)或固体吸湿剂法(吸附法)降低空气湿度。

控制原理,如图 2.15 所示:通过传感器检测到室内温度,通过空调系统中的加热或者制冷装置对室温进行调节。

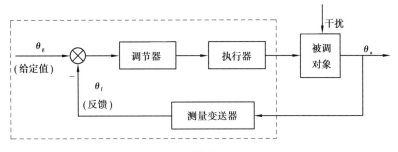

图 2.15　控制原理图

莱特兄弟的飞机

2.11　莱特兄弟的飞机

1903 年 12 月 17 日,莱特兄弟对完全受控、依靠自身动力、机身比空气重、持续滞空不落地的飞机进行首次试飞,如图 2.16 所示,也就是"世界上第一架飞机"。飞机是人类历史上最伟大的发明之一,有人将它与电视和电脑并列为 20 世纪对人类影响最大的三大发明。

莱特兄弟首创了让飞机能受控飞行的控制系统,从而为飞机的实用化奠定了基础,此项技术至今仍被应用于所有的飞机上。莱特兄弟的伟大发明改变了人类的交通、经济、生产和日常生活,同时也改变了军事史。然而在当时为了令其实现飞行的功能,莱特兄弟面对三个主要的障碍:如何制造升力机翼;如何获得驱动飞机飞行的动力;如何在飞机升空之后,平衡以及操纵飞机。前两个问题在某种程度上已经得到解决,而第三个问题是决定能否成功的关键,如果起飞后人们无法控制飞机,那么这件不受控的飞行器不仅无法保证飞行的平稳和安全,同时也无法真正得到实际应用。人们发现可以通过控制机翼的角度和升降舵的角度来控制飞机的平衡,从而完成飞机的升高和左右偏移,如图 2.17 所示。这一系列功能通过联动机构和控制手柄实现,莱特在飞机的前面安装了升降舵,也就是一种摆动舵,

图 2.16　莱特兄弟完成人类第一次动力自动飞行

以此来操纵横轴。虽然还远不能拥有现代飞机强大的性能,但这架"飞机"终于能按照人们的意愿移动了,这也是自动控制最早在航空领域的应用,开启了飞行器姿态控制和航空自动化的新篇章,如图 2.18 所示。

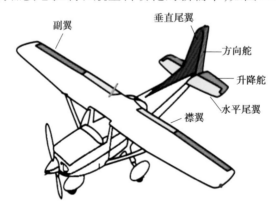

图 2.17　飞机结构图

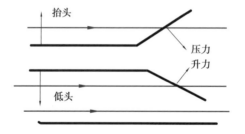

图 2.18　飞机飞行控制原理图

2.12　汽车自动装配流水线

汽车自动
装配流水线

福特(Ford)成立于 1903 年,是世界著名的汽车品牌,是世界上最大的汽车生产商之一,公司及品牌名"福特"来源于创始人亨利·福特(Henry Ford)的姓氏。福特品牌除了自身的福特(Ford)汽车,其旗下还先后拥有过包括林肯(LINCOLN)、捷豹(JAGUAR)、路虎(LANDROVER)、沃尔沃(VOLVO)、马自达(MAZDA)等品牌。这些品牌由于系统自动化程度和性能的不同,价格也有所差异。

其中沃尔沃(VOLVO)更是以其出色的安全性能得到人们的认可。值得一提的是于 1959 年发明首先应用于沃尔沃的三点式安全带,这项发明沿用至今,其中涉及很多自动化的知识和原理,如图 2.19 所示。其作用过程是:首先由一个加速度传感器负责收集撞车信息,该脉冲传递到气体发生器上,引爆气体。爆炸产生的气体在管道内迅速膨胀,压向球链,使球在管内向前运动,带动棘瓜盘转动。其中棘瓜盘跟轴连为一体,安全带就绕在轴上。从感知事故到完成安全带预收紧的全过程仅持续千分之几秒。

掌握技术后最大的困难就是如何将大规模生产被人们所购买,所以在生产能力远不如今的当时,如何能高效、大量、精确地生产汽车成了最大的难题,直到汽车自动装配流水线的出现才得以解决,如图 2.20 所示。

1913 年,福特应用创新理念和反向思维逻辑在汽车组装中,当汽车底盘在传送带上以一定速度从一端向另一端前行。过程中,依次装上发动机、操控系统、车厢、方向盘、仪表、车灯、车窗玻璃、车轮,一辆完整的车就组装成了。第一条流水线,如图 2.21 所示,使每辆 T 型汽车的组装时间由原来的 12 小时 28 分钟缩短至 90 分钟,生产效率提高将近 8 倍。它使产品的生产工序被分割成一个个环节,工人间的分工更为细致,产品的质量和产量大幅度提高,极大地加快了生产的进度和促进了产品的标准化。

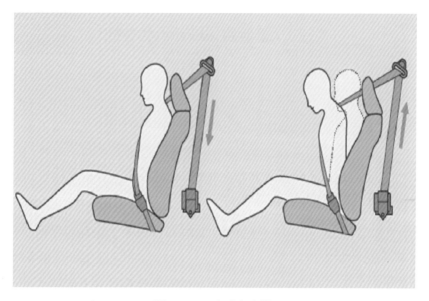

图 2.19　三点式安全带

图 2.20　汽车装配流水线

图 2.21　第一条汽车自动装配流水线

2.13　船舶驾驶 PID 控制器

　　用于船舶驾驶的伺服结构的 PID 控制方法最早由科学家尼古拉斯-米罗斯基（Nicolas Minorsky）提出。尼古拉斯·米罗斯基是一位俄罗斯裔美国数学家、工程师和应用科学家，其最著名的贡献是控制

船舶驾驶 PID　　　船舶驾驶 PID
控制器（第一讲）　控制器（第三讲）

理论分析和 PID 控制器在美国海军船舶自动操舵系统中应用的首次提出，如图 2.22 所示。

　　PID 控制方法是自动控制的核心和最关键的部分。PID［（比例、积分、导数］控制器作为最早实用化的控制器已有近百年历史，现在仍然是应用最广泛的工业控制器。由于 PID 控制器简单易懂，使用中不需精确的系统模型等先决条件，因而其成为应用最为广泛的控制器。

　　举一个生活中的例子来说明 PID 控制器原理：

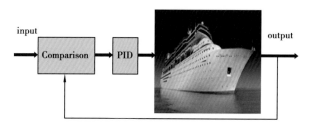

图 2.22　船舶 PID 控制系统

　　有一个水缸有点漏水（而且漏水的速度还是随机变化的），要求水面高度维持在某个位置，一旦发现水面高度低于要求的位置，就要往水缸里加水。人们需要以何种频率检查水缸，每次检查需要加入多少水，如何保持水位不超过上限且又不低于下限，且将水位保持稳定。这一过程实现就可以抽象地理解为 PID 控制的实现过程。人们在其中发现了水位差，按某个水流量补水，可以视为比例控制；按一定补水流量持续补水，以消除水位差，可以视为积分控制，水位快到要求位置但还没有到，就应该减小补水流量了，可以视为微分控制。

2.14　世界第一台大型模拟计算机

世界第一台大型
模拟计算机

　　1928 年，美国 MIT 的 Vannevar Bush 成功研制第一台大型模拟计算机，如图 2.23 所示。范内瓦·布什（Vannevar Bush），是"二战"时期美国最伟大的科学家和工程师之一，"曼哈顿计划"的提出者和执行人，他是模拟计算机的开创者，"信息论之父"香农曾是他的学生。1945 年他发表的论文《诚如所思〈As We May Think〉》中提出了微缩摄影技术和麦克斯储存器（memex）的概念，开创了数字计算机和搜索引擎时代，被称为"信息时代的教父"。

　　模拟计算机是用电流、电压等连续变化的物理量直接进行运算的计算机。使用模拟计算机的主要目的，不在于获得数学问题的精确解，而在于给出一个可供进行实验研究的电子模型。这一技术的诞生使自动化的发

图 2.23　第一台大型模拟计算机

展飞速进步。过去,人们对自动化的理解或者说自动化的功能目标仅仅是以机械的动作代替人力操作,自动地完成特定的作业。这实质上是自动化代替人的体力劳动的观点。后来随着电子和信息技术的发展,特别是随着计算机的出现和广泛应用,自动化的概念已扩展为不仅用机器(包括计算机)代替人的体力劳动,而且使用机器代替或辅助人的脑力劳动,以自动完成特定的作业。

2.15　世界首台数字计算机

世界首台
数字计算机

　　1937 年,英国 A.M.Turine 提出图灵计算机的设想,J.Von Neuman 发明首台数字计算机,如图 2.24 所示,创立 Game theory。图灵机,又称图灵计算、图灵计算机,是由数学家阿兰·麦席森·图灵(1912—1954)提出的一种抽象计算模型,即将人们使用纸笔进行数学运算的过程进行抽象,由一个虚拟的机器替代人们进行数学运算。

　　所谓图灵机,就是指一个抽象的机器,它有一条无限长的纸带,纸带分

图 2.24 世界首台通用数字计算机

成了一个一个的小方格,每个方格有不同的颜色。有一个机器头在纸带上
移来移去。机器头有一组内部状态,还有一些固定的程序。在每个时刻,
机器头都要从当前纸带上读入一个方格信息,然后结合自己的内部状态查
找程序表,根据程序输出信息到纸带方格上,并转换自己的内部状态,然后
进行移动。它是速度超过人工计算千万倍的电子计算机,它不仅极大地推
动数值分析的进展,而且还在数学分析的基本方面,刺激着崭新方法的出
现。自动化这一基于数学和计算机控制的学科也正是其中一,这一伟大的
发明也为自动化的蓬勃发展奠定了重要基础。

世界上第一台现代电子计算机,如图 2.25 所示,埃尼阿克(ENIAC,
Electronic Numerical Integrator And Computer)于 1946 年 2 月 14 日诞生在
美国宾夕法尼亚大学,并于次日正式对外公布。承担开发任务的"莫尔小
组"由五位科学家、工程师组成,即埃克特、莫克利(Mauchly)、朱传榘
(Jeffrey Chuan Chu)、戈尔斯坦和博克斯。ENIAC 长 30.48 米、宽 6 米、高
2.4 米,占地面积约 170 平方米,重达 30 英吨①,有 30 个操作台,耗电量 150
千瓦,造价 48 万美元。它包含了 17 468 根真空管(电子管),7 200 只晶体
二极管,1 500 个中转,70 000 个电阻器,10 000 个电容器,1 500 个继电器,

_____

① 1 英吨 = 1.016 吨

6 000 多个开关,计算速度是每秒 5 000 次加法或 400 次乘法,该速度是使用继电器运转的机电式计算机的 1 000 倍、手工计算的 20 万倍。

图 2.25　世界第一台通用计算机(ENIAC)

研制电子计算机源于第二次世界大战的计算需求。当时激战正酣,各国的武器装备占主要战略地位的武器是飞机和大炮,为了战胜对手因此研制和开发新型大炮和导弹就显得十分必要和迫切。为此,美国陆军军械部在马里兰州的阿伯丁设立了"弹道研究实验室"。美国军方要求该实验室每天为陆军炮弹部队提供 6 张射表以便对导弹的研制进行技术鉴定。事实上每张射表都要计算几百条弹道,而每条弹道的数学模型是一组非常复杂的非线性方程组。这些方程组是没有办法求出准确解的,因此只能用数值方法近似地进行计算。按当时的计算工具,实验室即使雇用 200 多名计算员加班加点工作也大约需要两个多月的时间才能算完一张射表。

为了改变这种不利的状况,当时任职宾夕法尼亚大学莫尔电机工程学院的莫克利于 1942 年提出了试制第一台电子计算机的初始设想——"高速电子管计算装置的使用",期望用电子管代替继电器以提高机器的计算速度。美国军方得知这一设想,马上拨款大力支持,成立了一个以莫克利、埃克特(John Eckert)为首的研制小组,预算经费为 15 万美元。

原本的 ENIAC 遇到难题:没有存储器,且它用布线接板进行控制,甚至要搭接几天,计算的速度也就被这一工作抵消了。十分幸运的是,当时任弹道研究所顾问、正在参加美国第一颗原子弹研制工作的数学家冯·诺依曼(von Neumann,1903—1957,美籍匈牙利人)带着原子弹研制(1944年)过程中遇到的大量计算问题,在研制过程中期加入了研制小组。1945年,冯·诺依曼和研制小组在共同讨论的基础上,发表了一个全新的"存储程序通用电子计算机方案"——EDVAC(Electronic Discrete Variable Automatic Computer)。在此过程中他对解决计算机的许多关键性问题作出重要贡献,从而保证了计算机的顺利问世。冯·诺伊曼提出的程序存储和程序控制的思想,对后来计算机的设计有决定性的影响,至今仍为电子计算机设计者所遵循或基于此进行拓展。

2.16　雷达自动控制系统

雷达自动
控制系统

1947 年,麻省理工学院辐射实验室(MIT Radiation Laboratory)建立 SCR-584 雷达自动控制系统。在研究过程中创立了尼科尔斯图解设计方法、菲力普的噪声伺服系统以及霍尔维兹的数字控制系统。

雷达,是英文 Radar 的音译,源于 radio detection and ranging 的缩写,意思为"无线电探测和测距",即用无线电的方法发现目标并测定它们的空间位置。因此,雷达也被称为"无线电定位",它是利用电磁波探测目标的电子设备。雷达发射电磁波对目标进行照射并接收其回波,由此获得目标至电磁波发射点的距离、距离变化率(径向速度)、方位、高度等信息,如图 2.26 所示。

雷达主要用于军事,同时在洪水监测、海冰监测、土壤湿度调查、森林资源清查、地质调查等方面也显示出了很好的应用潜力。雷达的原理是通过信号波的反射来进行探测,与自动化系统中的反馈原理十分类似。

图 2.26　雷达自动控制系统

2.17　工业机器人

工业机器人

　　恩格伯格(J.Engelberger)出生于美国纽约,拥有哥伦比亚大学物理学士、电机工程硕士学位。1956 年一场酒会中,恩格伯格与发明家德沃尔(George Devol)相识,如图 2.27 所示,两人不仅谈论起科幻小说大师艾希莫夫(Isaac Asimov)的机器人哲理,而且还聊到德沃尔所申请的"可编程物件移动设备(Programmed Article Transfer)"专利有何潜力,从此两人结下不解之缘。

　　恩格伯格深受艾希莫夫影响,对机器人有相当浓厚的兴趣,他认为德沃尔的专利发明跟机器人相当类似,具有发展潜力。后来恩格伯格与德沃尔紧密合作,1959 年研发出全球首台工业机器人原型"Unimate",两年后开始大量生产 Unimated 1900 系列机种,并逐渐导入工厂生产使用。通用汽车(GENERAL MOTORS)便是其中用户之一,也因此领先业界成为最早启用自动化生产的汽车大厂。

　　1984 年 UNIMATION 公司由美国电器厂西屋(WESTINGHOUSE)并

图 2.27　恩格伯格(左)与德沃尔(右)

购,恩格伯格成立新公司(后改名为 HELPMATE ROBOTICS),转投入研发服务型机器人,推出移动机器人设备"HelpMate",并获全球上百家医疗机构引进采用。恩格伯格负责设计机器人的"手""脚""身体",即机器人的机械部分和完成操作部分;由德沃尔设计机器人的"头脑""神经系统""肌肉系统",即机器人的控制装置和驱动装置。Unimate 重达两吨,通过磁鼓上的一个程序来控制。它采用液压执行机构驱动,基座上有一个大机械臂,大臂可绕轴在基座上转动,大臂上又伸出一个小机械臂,它相对大臂可以伸出或缩回。小臂顶有一个腕子,可绕小臂转动,进行俯仰和侧摇。腕子前头是手,即操作器。这个机器人的功能和人手臂功能相似,如图 2.28 所示。

美国机器人工业协会(Robotic Industries Association,RIA)理事长伯恩斯坦(Jeff Burnstein)表示,恩格伯格对科技发展贡献良多,机器人因他而成为全球产业,改变了生产模式。恩格伯格一生获奖无数,RIA 更以他之名,作为年度机器人领域杰出贡献奖名称——"恩格伯格机器人奖"(Joseph F. Engelberger Robotics Awards),该奖自 1977 年颁发至今已有 120位杰出人士获奖。现代工业机器人得到了蓬勃的发展,如图 2.29 所示。

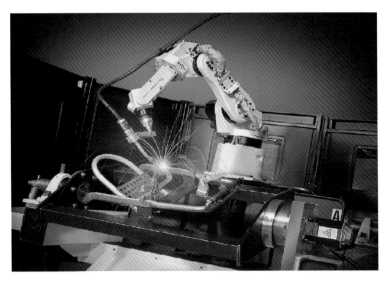

图 2.28　手臂机器人

图 2.29　现代工业机器人

117

2.18　世界第一颗人造卫星

世界第一颗

人造卫星

　　第二次世界大战结束不久,两极格局的苏联,着手研究洲际弹道导弹和运载火箭。苏联调集全国的资源和技术力量,保证导弹与火箭研制工作的进行,特别是集中一些权威性的专家,进行研制大推力火箭的攻关。终于,运载火箭的研制成功,不仅使苏联能够成功发射洲际导弹,而且使卫星上天成为可能。1953 年 11 月,苏联人在日内瓦世界和平大会上宣布:"制造人造地球卫星是完全可能的。"这就预示苏联要研制人造地球卫星以及它的运载工具。1957 年 10 月 4 日,苏联在拜科努尔发射场用 P—7 洲际导弹改装的卫星号运载火箭把世界上第一颗人造地球卫星斯普特尼克 1 号(如图 2.30 所示)送入轨道,开创了人类航天新纪元,如图 2.31 所示。

图 2.30　斯普特尼克 1 号

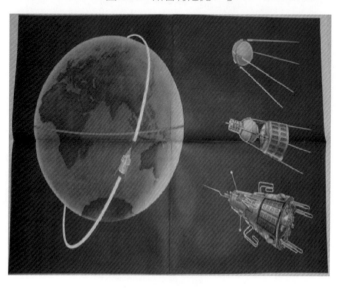

图 2.31　卫星发射宣传画

斯普特尼克 1 号是个铝制球体,直径 58 厘米,重 83.6 千克,有 4 根鞭状天线,内装有科学仪器。卫星本体内安装了电池组、无线电发射机、热控制系统组件、转接原件、温度和压力传感器等设备。卫星由运载火箭送入预定轨道,并进行星箭分离,之后卫星自动环绕地球飞行。根据设定好的程序,无线电发射机开始发送信号。温度传感器的双金属片由两片不同膨胀系数的金属贴在一起而组成,随着温度变化,材料比另外一种金属膨胀程度要高,引起金属片弯曲。弯曲的曲率可以转换成一个输出信号,从而实现温度的自动检测。

无线电发射机的基本组成包括基带信号处理电路、载波发生器、调制器、高频功率放大器和发射天线等五部分。基带信号处理电路功能包括了对来自话筒(或各种音频设备)的音频信号的各种前端处理,如音频放大、音频滤波(将频率限制在 300～3 400 Hz)、可能需要的语音压缩(幅度限制,防止出现过大的调制度)和预加重(用于 FM 发射机中)等;调制器能够将处理过的音频信号调制到高频载波上,不同的调制方式采用不同的调制器,在直接调频中,调制器与载波发生器合二为一;高频功率放大器将高频已调波进行功率放大,使发射机的输出功率满足要求;发射天线是一种将高频电信号转换成电磁波的单元,对于发射机来说,它是一种负载。这是一个无线电发射机的基本组成部分,实际的发射机根据具体的功能和技术指标要求还必须增加一些电路,如各种滤波器、变频器以及一些控制电路等,其放大器也往往是多级的。

119

2.19　世界第一艘载人飞船

每年 4 月 12 日,一位叫瓦莲金娜的老妇人总会在亲朋的簇拥下,穿过排排苍松翠柏,缓步走向克里姆林宫红墙的深处。那里埋葬着她的丈夫尤里·加加林,如图 2.32 所示,他是人类进入太空的第一人。她带来了妻子的眷恋和亲人的思念,也带来了全世界人民对这位英雄的一片崇敬之情。

图 2.32　加加林

　　1961 年 4 月 12 日,一枚巨大的白色 SS-6 洲际弹道导弹竖立在哈萨克大草原的拜科努尔发射场中央,在蓝天白云下显得特别醒目。其顶端装载着"东方一号"载人飞船。当天清晨,加加林从梦中被医生叫醒,他迅速吃完了早餐,便穿上航天服前往发射台。身穿橙黄色航天服、头戴乳白色头盔的加加林从前门走下汽车,向现场领导小组举手敬礼并报告:"国家委员会主席同志,飞行员加加林准备乘世界上第一艘载人飞船飞行"。接着,他们热情拥抱。然后加加林向记者们发表了简短的历史性讲话,向送行的人们挥手致意,最后登上了发射塔最顶端的平台。"东方一号"飞船载着加加林进入了人造地球卫星轨道。人类宇航时代开始了。

　　加加林躺在飞船的弹射座椅上,向地面描述人类从未见到过的情景:"我能清楚地分辨出大陆、岛屿、河流、水库和大地的轮廓。我第一次亲眼看到地球表面的形状，地平线上呈现出一片异常美丽的景色，淡蓝色的晕圈环抱着地球，与黑色的天空交融在一起。天空中，群星灿烂，轮廓分明。当我离开地球黑夜的一面时，地平线变成了一条鲜橙色的窄带，这条窄带接着变成了蓝色，然后又变成了深黑色。""东方一号"飞船载着加加林以 2.72 万千米／小时的速度飞驰，越过苏联、印度、澳大利亚和太平洋上空，环绕地球运行。当他在离地 330 千米高空飞行了 108 分钟，即绕地球飞行一圈后，便按计划安全返回了地面。飞行虽然短暂，但它开辟了人类通向宇宙的道路。加加林成为世界上第一位飞上太空的宇航员。为了纪念这个划时代的成就，"4 月 12 日"成了"航空航天国际纪念日"。

"东方一号"飞船，如图 2.33 所示，由密封座舱（呈球形，重 2.4 吨，内径2.3 米）和工作舱（由一个短圆柱体和两个截锥体组成，最大直径 2.43 米，重 2.265 吨）组成。飞船总长 4.41 米，最大直径 2.43 米，总质量 4.7 吨，座舱自由空间 1.6 立方米，只能乘坐一名航天员。座舱里有保证航天员生存 10 天的生保系统以及各种仪器设备和弹射座椅。返回前，抛掉末级火箭和工作舱，座舱单独再入大气层。待座舱下降到距地面约 7 千米时，航 *121*

图 2.33 "东方一号"飞船

天员弹出座舱,然后用降落伞着陆。

整个载人飞船运用大量的自动化知识,以航天员弹出座舱为例,首先要测量座舱所在高度,这需要用到高度测量仪,通过对数据的自动采集最终得出所在海拔高度。再将高度传输到弹射系统,当到达 7 千米时,弹射系统启动,通过弹射装置将航天员连同座椅一起弹射出座舱,最后通过降落伞降落到地面。这完全是一个自动化的系统,全程不需要人的参与。

2.20　阿波罗 11 号

阿波罗 11 号

"阿波罗 11 号"是美国国家航空航天局的阿波罗计划中的第五次载人任务,是人类第一次登月任务。装载着"阿波罗 11 号"的"土星 5 号"火箭于美国当地时间 1969 年 7 月 16 日 9 时 32 分在肯尼迪航天中心发射升空,如图 2.34 所示,发射飞船在环绕地球一圈半后,第三级子火箭点火,使飞船加速到 10.5 千米/秒,并进行月球转移轨道射入,让"阿波罗 11 号"进入地月轨道。30 分钟后,指令/服务舱从土星 5 号分离,并旋转 180° 与第三级火箭内的登月转接器中的登月舱连接。阿波罗 11 号于 1969 年 7 月 19 日经过月球背面,很快点燃了主火箭使飞船减速进入了月球轨道。在环绕月球的过程中,三名宇航员在空中辨认出了计划中的登月点。

1969 年 7 月 20 日 18 时 11 分(UTC),当飞船在月球背面时,呼号为"鹰号"的登月舱从呼号为"哥伦比亚号"的指令舱中分离。科林斯独自一人留在"哥伦比亚"上,在"鹰号"绕垂直轴旋转时仔仔细细地检查了一遍飞行器,以确保这个飞行器一切正常。检查过后,科林斯做了一个简单的告别手势便离开了。科林斯的任务是留在指令舱中并绕月球环行,在以后的 24 个小时中只能监测控制中心与"鹰号"之间的通信并祈祷登月一切顺利。如果"鹰号"发生了意外并且不能够从月面起飞的话(可能性极大),科林斯就只能独自一人返回地球。

随后,阿姆斯特朗和奥尔德林启动了"鹰号"的推进器并开始下降。

图 2.34　阿波罗 11 号发射

他们选择了手动控制登月舱。登月舱不断下降,燃料开始耗尽——登月舱位于月球表面上空大约 9 米,所剩燃料仅够用 30 秒钟——阿姆斯特朗在遍布砾石和陨石坑的月面冷静地找到一处适合于着陆的地方,并驾驶登月舱稳稳地降落在月球上,如图 2.35 所示。准确的登陆时间是 1969 年 7 月 20 日下午 4 时 17 分 43 秒(休斯顿时间)。

　　阿姆斯特朗和奥尔德林互相看了一眼,会心地笑了。休斯顿飞行控制中心内鸦雀无声,大家都在静静地等待着。终于,他们听到了阿姆斯特朗的声音:"休斯顿,这里是静海基地,'鹰'着陆成功。",如图 2.36 所示,飞行控制中心顿时爆发出一阵热烈的欢呼声。在登月舱里,阿姆斯特朗和奥尔德林把手伸过仪表盘,默默地握了一下。

图 2.35　宇航员走下舷梯

1969 年 7 月 21 日 2 点 56 分（UTC），"鹰号"降落六个半小时后，阿姆斯特朗扶着登月舱的阶梯踏上了月球，如图 2.37 所示，说道："这是我个人的一小步，但却是全人类的一大步（That's one small step for a man, one giant leap for mankind.）。"奥尔德林不久也踏上月球，两人在月球表面活动了两个半小时，如图 2.38 所示，使用钻探取得了月芯标本，拍摄了一些照片，也采集了一些月表岩石标本。

"阿波罗"指挥舱及登月舱控制飞行器推力矢量用的数字自动驾驶仪，是由麻省理工学院仪表试验室研制的。这个飞行器的俯仰和偏航是通过将火箭发动机安装在常平架上的办法来控制，而飞行器的横滚则通过点燃控制系统的喷气发动机来控制。喷气发动机点火用的较简单的相平面开关逻辑线路可以控制飞行器的横滚。但是，对俯仰和偏航的控制系统，

图 2.36　宇航员取实验设备

125

图 2.37　人类在月球的第一个脚印

图 2.38　宇航员

由于飞行器的弹性振动、燃料的晃动、推力不重合以及控制回路的交联影响等一系列问题,需要更精心的设计。

2.21　美国"哥伦比亚号"航天飞机

美国"哥伦比亚号"
航天飞机

　　1981 年 4 月 12 日,在卡纳维拉尔角肯尼迪航天中心聚集着上百万人,参观美国第一架航天飞机"哥伦比亚号"发射。宇航员翰·杨和克里平承担发射任务。

　　"哥伦比亚号"航天飞机,如图 2.39 所示,是美国国家航空航天局(NASA)所属的航天飞机之一,是美国的航天飞机机队中第一架正式服役的飞机。它在 1981 年 4 月 12 日首次执行代号 STS-1 的任务,正式开启了 NASA 的太空运输系统计划之序章。

图 2.39　"哥伦比亚号"航天飞机

　　"哥伦比亚号"航天飞机总长约 56 米,翼展约 24 米,起飞质量约 2 040 吨,起飞总推力达 2 800 吨,最大有效载荷 29.5 吨。它的核心部分轨道器长 37.2 米,大体上与一架 DC-9 客机的大小相仿。航天飞机每次飞行最多可载 8 名宇航员,飞行时间 7 至 30 天,可重复使用 100 次。航天飞机集火箭、卫星和飞机的技术特点于一身,能像火箭那样垂直发射进入空间轨道,又能像卫星那样在太空轨道飞行,还能像飞机那样再入大气层滑翔着陆,是一种新型的多功能航天飞行器。

　　"哥伦比亚号"机舱长 18 米,能装运 36 吨重的货物。航天飞机外形像一架大型三角翼飞机,机尾装有三个主发动机和一个巨大的推进剂外贮箱。外贮箱里面装着几百吨重的液氧、液氢燃料,附在机身腹部,供给航天飞机燃料进入太空轨道。外贮箱两边各有一枚固体燃料助推火箭,整个组合装置重约 2 000 吨。在返航时,它能借助于气动升力的作用,滑行上万千米 的距离,然后在跑道上水平降落。与此同时,在滑行中,它还能向两侧方向作 2 000 千米 的机动飞行,以选择合适的着陆场地。

　　航天飞机固体助推器分离系统由连接释放机构、分离发动机、分离电子系统及各种传感器组成。

　　分离电子系统:固体助推器火工品装置和控制装置间由 2 台主事件控制器(MEC)进行信号传递和数据测量。分离系统通过 4 台尾部信号复合器/信号分离器(MDM)和 2 台 MEC 连接。固体助推器手动分离开关通过 4 台前部 MDM 与航天飞机通用计算机接口。

　　固体助推器电子和测量系统(EIS)提供轨道飞行器和固体助推器分离系统间的接口。该系统由集成电子组件(IEA)和火工品引爆控制器(PIC)组成。分离发动机和分离螺栓由 IEA 进行控制。尾部 IEA 提供信号调节和放大、指令传递、数据分配、电力传输。位于助推器前部的组件通过尾部 IEA 向前部 IEA 传输。固体助推器向轨道飞行器输送的全部数据通过尾部 IEA 传输。

　　火工品引爆控制器是一种单通道电容放电装置。它要求发送预备信号,对电容器充电。然后接收"点火 1"和"点火 2"指令放电,起爆火工品。PIC 由一组双冗余固体开关作动,开关通过 MEC 从通用计算机接收信号。这样火工品被引爆,航天飞机固体助推器分离,实现了一整套的自动化过程。

2.22　"哈勃"空间望远镜

"哈勃"空间望远镜,如图 2.40 所示,其历史可以追溯至 1946 年天文学家莱曼·斯必泽(Lyman Spitzer, Jr.)所发表的论文《在地球之外的天文观测优势》。在文中,他指出在太空中的天文台有两项优于地面天文台的性能。首先,角分辨率(物体能被清楚分辨的最小分离角度)的极限会只受限于衍射,而不是由大气所造成的视象度。在当时,以地面为基地的望远镜解析力只有 0.5~1.0 弧秒,而口径 2.5 米的望远镜就能达到理论上衍射的极限值 0.1 弧秒。

斯必泽以空间望远镜为事业,致力于空间望远镜的推展。1962 年,美国国家科学院在一份报告中推荐空间望远镜作为发展太空计划的一部分,1965 年,斯必泽被任命为某科学委员会的主任委员,该委员会的目的就是建造一架空间望远镜。在第二次世界大战时,科学家研究火箭技术的同时,曾经小规模的尝试过以太空为基地的天文学,并于 1946 年首度观察到太阳的紫外线光谱。

1968 年 NASA 确定了在太空中建造直径 3 米反射望远镜的计划,当时暂时的名称是"大型轨道望远镜"或"大型空间望远镜"(LST),并于 1979 年发射。大气层中的大气湍流与散射,以及会吸收紫外线的臭氧层,这些因素都限制了地面上望远镜的性能。太空望远镜的出现使天文学家成功地摆脱地面条件的限制,并获得更加清晰与更广泛波段的观测图像。

图 2.40 "哈勃"望远镜

　　空间望远镜的概念最早出现于 20 世纪 40 年代,但一直到 20 世纪 90 年代,"哈勃"空间望远镜才正式发射升空。"哈勃"空间望远镜属于美国航空航天局(NASA)与欧洲航天局(ESA)的合作项目,其主要目标是建立一个能长期在太空中进行观测的轨道天文台。它的名字来源于美国著名天文学家埃德温·哈勃。1990 年 4 月 25 日,由美国航天飞机送上太空轨道的"哈勃"望远镜长 13.3 米,直径 4.3 米,重 11.6 吨,造价近 30 亿美元。它以 2.8 万千米的时速沿太空轨道运行,清晰度是地面天文望远镜的 10 倍以上。同时,由于没有大气湍流的干扰,它所获得的图像和光谱具有极高的稳定性和可重复性。

　　"哈勃"空间望远镜得到的数据首先被储存在航天器中。在"哈勃"空间望远镜最开始发射时,储存数据设施是老式的卷带式录音机。但这些设备在之后的维修任务中得到了替换。每天"哈勃"空间望远镜大约分两次把数据传送至地球同步轨道跟踪与数据中继卫星系统,然后数据再被继续发送至位于新墨西哥的白沙测试设备,通过位于白沙测试设备的 60 英尺(18 米)直径的高增益微波天线,信息最后被传送到戈达德太空飞行中心和太空望远镜科学研究所处存档。

　　传送来的数据必须要经过一系列处理才能为天文学家所用。空间望远镜研究所开发了一套软件,能够自动地对数据进行校正。然后空间望远镜研究所利用 STSDAS 软件来选取所需要的数据。"哈勃"望远镜帮助科学家对宇宙的研究。"哈勃"新的继任者"詹姆斯·韦伯"太空望远镜发射升空,并逐步接替"哈勃"太空望远镜的工作。

2.23　国际空间站

　　国际空间站,如图 2.41 所示,其前身是美国国家航空航天局的自由空间站计划,这个计划是 20 世纪 80 年代美国战略防御计划的一个组成部分。1998 年 11 月,国际空间站的第一个组件——俄制"曙光号"多功能货舱进入预定轨道。同年 12 月,由美国制造的"团结号"节点 1 号舱升空并与"曙光号"连接,2000 年 7 月"星辰号"服务舱与空间站连接。2000 年 11 月 2 日,首批宇航员登上国际空间站。

图 2.41　国际空间站

　　空间站的各个组件大多由 NASA 的航天飞机进行运输,由于各个组件大多在地面就已经完成建设任务,宇航员在太空只需要很少的操作便可以将组件连接上空间站主体。国际空间站根据设计共可以提供 7 名宇航员同时工作和生活,如图 2.42 所示。

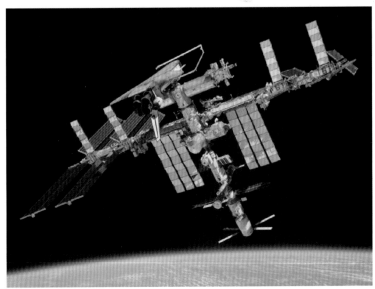

图 2.42　国际空间站

　　2006 年 11 月 15 日,国际空间站上的活动首次在地球上进行了高清晰度电视直播,并在纽约的时代广场大屏幕电视上播放。这是人类首次观看到来自太空的高清晰度电视直播画面。直播节目的主角是国际空间站第

14 长期考察组指令长迈克尔·洛佩斯·阿莱格里亚,摄像师是站内的随航工程师托马斯·赖特尔。这套直播系统名为"太空视频网关",直播的清晰度可以达到普通模拟视频的 6 倍。

2007 年 1 月 31 日,国际空间站第 14 长期考察组中的两名美国宇航员洛佩斯·阿莱格里亚和苏尼特·威廉斯成功进行超过 7 个小时的太空行走。他们将"命运号"实验舱的一个冷却回路从临时系统接入永久系统,完成了一些电路接线工作,使对接的航天飞机能使用站上新太阳能电池板提供的电力;将一个遮光反射罩和隔热罩丢弃掉,然后将一组旧太阳能电池板上的散热器回收。2 月 4 日,美国东部时间上午 8 时 38 分,这两名宇航员再度出舱,进行约 7 个小时的太空行走。他们将"命运号"实验舱的另一个冷却回路从临时系统接入永久系统,对一个废弃的氨水冷却设备进行清理。同年 2 月 8 日,这两名宇航员完成了 6 小时 40 分钟的第三次太空行走,将空间站外的两个大型遮蔽罩移除丢弃,并安装货物运输机的几个附属装置。同年 2 月 22 日,国际空间站飞行工程师、俄罗斯宇航员米哈伊尔·秋林和洛佩斯·阿莱格里亚进行一次 6 个多小时的计划外太空行走,修复了对接在空间站上的"进步 M-58"飞船的一处未能收拢的天线。

2007 年 10 月 30 日,美国"发现号"航天飞机的太空人为国际空间站重新装配太阳能天线电池板时,电池板出现破裂,美国国家航空航天局(NASA)科学家检视电池板破损处,分析造成损害的原因。2011 年,美国航天飞机全部退役又重启太空船对接计划。2011 年 12 月,最后一个组件发射上天,完成组装工作。组装成功后的国际空间站作为科学研究和开发太空资源的平台,为人类提供一个长期在太空轨道上进行对地观测和天文观测的机会。

在对地观测方面,国际空间站比遥感卫星更适合。首先它有人参与到遥感任务之中,因而当地球上发生地震、海啸或火山喷发等事件时,站上的航天员可以及时调整遥感器的各种参数,以获得最佳观测效果;其次当遥感器等仪器设备发生故障时,又可随时得到维修;最后它还可以通过航天飞机或飞船更换遥感仪器设备,使新技术及时得到应用而又节省经费。

2.24　"全球鹰"无人侦察机

"全球鹰"无人机,如图 2.43 所示,是目前世界最先进的无人机之一,由美国诺斯罗普·格鲁曼公司研制,1998 年 2 月首飞成功,2000 年 6 月正式服役。它飞行的时间长,可以连续飞行 42 小时;它飞行的距离远,荷载燃料超过了 7 吨,最大飞行速度为 740 千米每小时,巡航速度为 635 千米每小时,总航程可达 26 000 千米 ,这意味着它可以从美国本土起飞到达全球任何地点进行侦察;实用升限为 20 000 米。

图 2.43　"全球鹰"无人侦察机

说到侦察,它的地位相当于早年美国的"U-2"侦察机,主要用于在高空持续监视运动目标,或大面积地对地面进行侦察,以准确识别地面的各种目标。由于是无人驾驶,不用考虑飞行员的生理、心理等方面的制约,也不存在飞行员战死、战伤或被俘的危险,因此用起来比"U-2"更加得心应手。

机上载有合成孔径雷达、电视摄像机、红外探测器三种侦察设备,以及防御性电子对抗装备和数字通信设备。其中的合成孔径雷达属于高分辨率成像雷达,它的优点是分辨率高,可以全天候(昼夜均可)工作,在能见度极低的云雨等恶劣气象条件下依然能得到类似光学照相的高分辨雷达图像,而且还能有效地识别伪装和穿透掩盖物。这种雷达获取的侦察照片精确度可达 1 米以内。它的数字通信设备,可通过通信卫星适时将所获取的情报源源不断地传送回去,用于指示目标、预警、攻击、毁伤评估等;还可以与美军现有的联合部署智能支援系统和全球指挥控制系统连接,为指挥员指挥提供情报支持。

全球鹰翼展 35.4 米、长 13.5 米、高 4.62 米,最大起飞质量 11 622 千克。目前共有以下几种型号:RQ-4A 型,是美国空军初期生产型;RQ-4B 型,是前者的改进型,搭载设备有所增加,最大航程减少到 16 000 多千米;RQ-4E 型,又称"欧洲鹰",是根据欧洲国家的武器装备需求改造的型号;MQ-4C,之前的代号为 RQ-4N,用户为美国海军。在阿富汗战争、伊拉克战争中,美军广泛使用了"全球鹰"无人机,搜集了大量战场信息,为美军提供了"广泛的作战能力",如图 2.44 所示。

图 2.44　"全球鹰"无人机降落

137

2.25　仿人机器人 ASIMO

日本本田公司投入大量科技研究，心血的结晶——全球最早具备双足行走能力的类人型机器人阿西莫（Advanced Step Innovative Mobility，ASIMO，高级步行创新移动机器人），以憨厚可爱的造型博得许多人的喜爱，众多的类人功能也不断地冲击着人们的想象空间，似乎科幻电影中的情节正在一步步变成现实。

ASIMO，如图 2.45 所示，身高 1.3 米，体重 48 千克，行走速度是 0～9 千米每小时。早期的机器人如果直线行走时突然转向，必须先停下来，看起来比较笨拙。而 ASIMO 就灵活得多，它可以实时预测下一个动作并提前改变重心，行走自如，可以进行诸如 "8" 字形行走、下台阶、弯腰等各项 "复杂" 动作。此外，ASIMO 还可以握手、挥手，甚至可以随着音乐翩翩起舞。

图 2.45　机器人 ASIMO

从 1997 年 10 月 31 日诞生至今,ASIMO 的进步可以用神速来形容,2012 最新版的 ASIMO,除具备了行走功能与各种人类肢体动作之外,更具备了人工智能,可以预先设定动作,还能依据人类的声音、手势等指令来做出相应动作。此外,还具备了基本的记忆与辨识能力,如图 2.46 所示。

其实,在实现机器人的奔跑方面,曾经面临着两大难题。一个是吸收飞跃与着陆时的冲击,另一个是防止高速带来的旋转与打滑。

1.吸收飞跃与着陆时的冲击

实现机器人的奔跑,要在极短的周期内无间歇地反复进行足部的踢腿、迈步以及着地动作,同时,还必须要吸收足部在着地瞬间产生的冲击。Honda(本田)利用新开发的高速运算处理电路、高速应答/高功率马达驱动装置、轻型/高刚性的脚部构造等,设计、开发出性能高于以往 4 倍以上的高精度/高速应答硬件。

2.防止旋转与打滑

在足部离开地面之前的瞬间和离开地面之后,由于足底和地面间的压力很小,所以很容易发生旋转和打滑。克服旋转和打滑,成为在提高奔跑

138

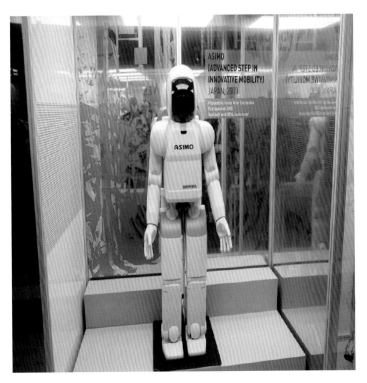

图 2.46　ASIMO 打手势

速度方面所面临的控制上的最大难题。对此,HONDA 在独创的双足步行控制理论的基础上,积极地运用上半身的弯曲和旋转,提出既能防止打滑又能平稳奔跑的新型控制理论。

由此,ASIMO 实现了速度 6 千米每小时的与人类相同速度的平稳直线奔跑,且步行速度也由原来的 1.6 千米每小时提高到 2.7 千米每小时。另外,人类在奔跑时,迈步的时间周期为 0.2~0.4 秒,双足悬空的时间(跳跃时间)为 0.05~0.1 秒,而 ASIMO 的迈步时间周期为 0.36 秒,跳跃时间为 0.05秒,与人类的慢跑速度基本相同。

ASIMO 利用其身上安装的传感器,拥有 360 度全方位感应,可以辨识出附近的人和物体,如图 2.47 所示。配合特别的视觉感应器,他可以阅读人类身上的识别卡片,甚至认出从背后走过来的人,真正做到眼观六路。当他识别出合法人员后,还可以自动转身,与之并肩牵手前进。在行进中,ASIMO 还能自动调节步行速度配合同行者;和人握手时,他能通过手腕上的力量感应器,测试人手的力量强度和方向,随时按照人类的动作变化做出调整,避免用力太大捏伤人类。

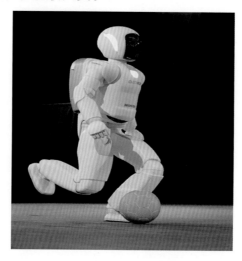

图 2.47　ASIMO 踢足球

此外,ASIMO 装载的大量传感器,既包括传统人类的传感器,也拥有一些超越人类的特殊感应器,这样他就能够迅速地了解周围情况,在复杂的环境下也能快速顺畅地随之移动。比如,视觉感应器:其眼部摄影机通过连续拍摄图片,再与数据库内容作比较,以轮廓的特征识别人类及辨别来者身份;水平感应器:由红外线感应器和 CCD 摄像机构成的 sensymg 系统共同工作,可避开障碍物;超音波感应器:以音波测量 3 米范围内的物体,即使在无灯光的黑暗中行使也完全无碍。

2.26　自动驾驶汽车"Stanley"

自动驾驶系统在飞机和轮船上已经应用得相当普遍。但对于汽车而言,却一直没有出现成熟的自动驾驶系统。最终,科学家的努力终于结出了硕果,在美国举行的第二届无人驾驶车挑战赛上,大众公司开启了汽车无人自动驾驶的先河。2005 年,在美国举行的第二届无人驾驶车挑战赛中,一辆全新装备后的大众途锐以 6 时 53 分 58 秒跑完了 282 千米的路程,夺得了 200 万美元大奖。

　　这辆被命名为"Stanley",如图 2.48 所示,大众途锐为参加在美国举行的"Grand Challenge 2005"无人驾驶车挑战赛而专门设计。它由大众技术研究部与位于美国硅谷大众集团下的电子研究工作实验室(简称 ERL),以及著名的斯坦福大学一起合作研发而成。最为关键的自动驾驶系统主要由 ERL 设计和研制。

图 2.48　自动驾驶汽车"Stanley"

　　从参数上看,"Stanley"与普通版"途锐"基本相似,但是额外增加了一个底盘保护板和强化减振器。但"Stanley"绝对可以称得上是一个移动的高科技实验室。它装备了大量的传感器和 4 个激光探测仪采集行驶数据,以保证无人驾驶车能安全迅速地行驶。同时,他还装有立体光学成像设备、24 GHz 雷达探测仪和高精度 GPS 卫星导航系统。这套系统可以精确地确定车辆行驶时的位置,精度可以达到惊人的毫米级!

　　这么多设备可以实时地采集到大量的数据,最终海量的数据被传送到位于越野车底部的一个高性能计算机内。它由七个网络连接的 Intel 奔腾 M 型主板组成,每个都含有 1.6 GHz 中央处理器(CPU)。这套计算机系统还采用了复杂且独一无二的软件系统。经过严密的计算分析,它可以发出转向、加速或制动等操作指令。这些指令通过线传系统"drive-by-wire"被高速传给"Stanley"的电子执行机构,这样一来,就可以根据道路情况而实时地完成各种行驶动作。

"Stanley"的核心技术——驾驶辅助系统在目前很多高档车上都有所应用,如我们最常见的 ESP 防侧滑系统,它大大提高了汽车的安全性能。而像大众辉腾装备的 ACC(自适应巡航控制系统)也属于驾驶辅助系统,可以有效防止追尾事故的发生。"Stanley"采用的驾驶辅助系统则更为先进,它不仅集成了 ESP 和 ACC,还采用了更多的新技术,这些新技术将最终被用于量产的其他车型。

2.27　美国"好奇号"火星探测器

"好奇号"火星探测器,如图 2.49 所示,是美国国家航空航天局(NASA)第四个火星探测器,是第一辆采用核动力驱动的火星车,其使命

图 2.49　"好奇号"

是探寻火星上的生命元素,该项目总投资 25 亿美元。2011 年 11 月 26 日 23 时 2 分,"好奇号"火星探测器发射成功,顺利进入飞往火星的轨道。2012 年 8 月 6 日 13 时 31 分"好奇号"在火星盖尔陨坑中心附近山脉登陆,如图 2.50 所示,展开为期两年的火星探测任务。2013 年 10 月 1 日,受美国联邦政府非核心部门"停摆"影响,媒体说美国航天已进入"休眠"状态,有报道称,正在火星上的"好奇号"火星车已进入"保护模式"。2014 年 4 月,NASA 公布"好奇号"火星照片现神秘亮光。2015 年 7 月,火星探测车"好奇号"拍摄到火星表面出现类似螃蟹的踪迹,在网络上引起热烈讨论。2016 年 1 月 4 日,NASA 公布了火星探测器"好奇号"传回的 360 度"纳米布沙丘"照。

自 20 世纪初期开始,人们凭着望远镜中看到的火星影像和头脑中的想象,认为火星上可能存在生命,甚至火星人。然而,当最早的着陆探测器"海盗 1 号"和"海盗 2 号"在 1976 年触及火星表面的时候,人们大失所望,因为来自"海盗 2 号"的照片显示了一个寒冷、贫瘠、干燥、显然死掉了的行星。然而,也是在同一时期,科学家在地球海洋底部的深海热泉里发现了极端微生物的存在,这证明生命可以适应各种环境。

自 20 世纪 60 年代以来,美国发射十余次火星探测器,仅 6 次实现火星着陆 。

1996 年,美国宇航局发射了火星全球勘探者号探测器。这开启了新的探索火星的时期,一系列的轨道器和着陆器被送往火星。探测的结果让科学家了解到,火星其实蕴藏着活力。

2004 年登陆火星的"勇气号"和"机遇号"火星车已经发现,火星曾经是温暖和湿润的,甚至可能存在过海洋。"好奇号"带上火星的设备是迄今为止送往火星的最为专业和先进的仪器。它"头"上的两个眼睛是两部相机,其中一部能够跨越七个足球场的距离分辨出对面放的是篮球还是足球。另外一部在"好奇号"抵达一个新地点的时候,能够用 25 分钟拍摄 150 张照片,然后合成一幅全景照片。

另外,"好奇号"有两部直接分析岩石和土壤样本的仪器,分别是"化学和矿物学分析仪"和"火星样本分析设备",它们依靠"好奇号"的机械臂取样

144

图 2.50　"好奇号"登陆火星

来分析样本。这台名为"化学相机"的仪器,它能够发射出激光,击中 7 米之外的岩石或土壤。被激光击中的物质会产生出等离子体,而"相机"通过观测等离子体的光谱,来测定目标物的成分。设备中的分光仪能够测定 6 144个不同波长的光,而不同的物质被离子化后所发出的光具有特定的波长。这部化学相机的射程足以帮助科学家寻找下一个近距离采样和分析的目标。另外一部"阿尔法粒子 X 射线分光仪"则能够在 10 分钟的快速检测中，探测到岩石中含量低至 1.5% 的成分。如果给它三个小时时间，它就能够探测到含量在万分之一量级的物质。它尤其对于硫、氯、溴等与盐的生成密切相关的物质敏感，从它们中可能会看出是否曾经与水发生过作用。

在寻找水的过程中，"好奇号"还有一件利器，叫作"动态中子返照率设备"。这种设备实际上早先在地球上是用于石油勘探的，它发射出中子，然后通过观察中子与氢原子核相互作用后发生的能量变化来确定氢的存在。后来科研人员将它重新设计后用于月球和火星探测。在 2002 年，火星"奥德赛号"探测器曾经用这种设备发现了火星高纬度地下的水冰。

145

第3章 中国近现代自动化领域杰出科学家

中国近现代自动化的发展是漫长曲折的探索，历经了千辛万苦。中国近现代自动化取得的成就离不开一群从事检测、控制与执行的中国自动化科学家，他们中有的放弃了国外的优越条件、舒适的生活，排除各种困难，感召祖国母亲的号召，毅然回归祖国的怀抱，投入到中国自动化建设当中；有的就一直坚守在平凡的工作岗位鞠躬尽瘁、前仆后继，为中国自动化建设奉献了自己的一切甚至包括宝贵的生命。正是因为他们的努力，才有我们今天自动化的飞速发展，我国自动化水平才能处于世界领先水平。

3.1 "中国自动化控制之父"钱学森

钱学森（1911—2009年）被誉为"中国导弹之父""中国自动化控制之父"，由于钱学森回国效力，中国导弹的发射事业向前推进了至少20年，如图3.1所示。

钱学森的父亲钱均夫早年赴日本求学，1911年回国，曾担任浙江省教育厅厅长。钱均夫与蒋百里是莫逆之交。蒋百里被誉为"现代兵学之父"，当时就任国民政府保定陆军学校校长。蒋百里与其日本夫人

图3.1　钱学森

生有 5 个女儿,其中三女儿蒋英即为钱学森夫人。1935 年,钱学森赴美留学,蒋英也跟随父亲远赴欧洲,在德国柏林上学,两人相互的书信传情,更加深了两人的情感。第二次世界大战结束后,蒋英到了美国,当时钱学森已经三十多岁,蒋英也有二十四岁,为了各自的事业,他们再次推迟了婚期,直到 1947 年,他们才在上海举行婚礼。

1935 年 8 月,钱学森赴美深造,原本读的是航空工程专业,但在继续深造的问题上,他与父亲发生了争论。钱学森打算下一步攻读航天理论,但父亲回信说中国航天工业落后,落后就要挨打,还是研究飞机制造技术为好。钱学森则告诉父亲,中国在飞机制造领域与西方差得太多,只有掌握航天理论,才有超越西方的可能。蒋百里知道了钱家父子的分歧,他对老友钱均夫说到,欧美各国的航空研究趋向工程、理论一元化,工程是跟着理论走的。钱均夫听了这番话终于应允儿子继续学航天理论。钱学森如释重负,从此对蒋百里感激不尽。

钱学森于 1935 年 9 月进入美国麻省理工学院航空系学习,1936 年 9 月获麻省理工学院航空工程硕士学位,后转入加州理工学院航空系学习,成为世界著名的大科学家冯·卡门的学生,并很快成为冯·卡门最重视的学生。他先后获航空工程硕士学位和航空、数学博士学位。1938 年 7 月至 1955 年 8 月,钱学森在美国从事空气动力学、固体力学和火箭、导弹等领域研究,并与导师共同完成高速空气动力学问题研究课题和建立"卡门-钱学森"公式,在二十八岁时就成为世界知名的空气动力学家。1939 年,获美国加州理工学院航空、数学博士学位。1943 年,任加州理工学院助理教授。1945 年,任加州理工学院副教授。1947 年,任麻省理工学院教授。1949 年,任加州理工学院喷气推进中心主任、教授。1953 年,钱学森正式提出物理力学概念,主张从物质的微观规律确定其宏观力学特性,开拓了高温高压的新领域。1954 年,《工程控制论》英文版出版,该书俄文版、德文版、中文版分别于 1956 年、1957 年、1958 年出版。

尽管钱学森当时身在美国,但心系祖国。当中华人民共和国宣告诞生的消息传到美国后,钱学森和夫人蒋英便商量着早日赶回祖国,为自己的

147

国家效力。此时的美国,以麦卡锡为首对共产党人实行全面追查,并在全美国掀起了一股驱使雇员效忠美国政府的狂热。钱学森因被怀疑为共产党人和拒绝揭发朋友,被美国军事部门突然吊销了参加机密研究的证书。钱学森非常气愤,以此作为要求回国的理由。1950 年,钱学森上港口准备回国时,被美国官员拦住,并将其关进监狱,而当时美国海军次长丹尼·金布尔(Dan A. Kimball)声称:钱学森无论走到哪里,都抵得上 5 个师的兵力。从此,钱学森受到了美国政府迫害,同时也失去了宝贵的自由,他一个月内瘦了 30 斤左右。移民局抄了他的家,在特米那岛上将他拘留 14 天,直到收到加州理工学院送去的 1.5 万美元巨额保释金后才释放了他。后来,海关又没收了他的行李,包括 800 千克书籍和笔记本。美国检察官再次审查了他的所有材料后,才证明了他是无辜的。

钱学森在美国受迫害的消息很快传到中国,中国科技界的朋友通过各种途径声援钱学森。党中央对钱学森在美国的处境极为关心,中国政府公开发表声明,谴责美国政府在违背本人意愿的情况下监禁了钱学森。1954 年,一个偶然的机会,他在报纸上看到陈叔通站在天安门城楼上,身份是全国人大常委会副委员长,他决定给这位父亲的好朋友写信求救。正当周恩来总理为此非常着急的时候,时任全国人大常委会副委员长的陈叔通收到了一封从大洋彼岸辗转寄来的信。他拆开一看,署名"钱学森",原来是请求祖国政府帮助他回国。1954 年 4 月,美、英、中、苏、法五国在日内瓦召开讨论和解决朝鲜问题与恢复印度支那和平问题的国际会议。出席会议的中国代表团团长周恩来联想到中国有一批留学生和科学家被扣留在美国,于是就指示说,美国人既然请英国外交官与我们疏通关系,我们就应该抓住这个机会,开辟新的接触渠道。

中国代表团秘书长王炳南于 1954 年 6 月 5 日开始与美国代表、副国务卿约翰逊就两国侨民问题进行初步商谈。美方向中方提交了一份美国在华侨民和被中国拘禁的一些美国军事人员名单,要求中国给他们以回国的机会。为了表示中国的诚意,周恩来指示王炳南在 1954 年 6 月 15 日举行的中美第三次会谈中,大度地做出让步,同时也要求美国停止扣留钱学

森等中国留美人员。然而,中方的正当要求被美方无理拒绝。1954 年 7 月
21 日,日内瓦会议闭幕。为不使沟通渠道中断,周恩来指示王炳南与美方
商定自 1954 年 7 月 22 日起,在日内瓦进行领事级会谈。为了进一步表示
中国对中美会谈的诚意,中国释放了 4 个扣押的美国飞行员。中国做出的
让步,最终是为了争取钱学森等留美科学家尽快回国,可是在这个关键问
题上,美国代表约翰逊还是以中国拿不出钱学森要回国的真实理由,一点
不松口。

　　1955 年,经过周恩来总理在与美国外交谈判上的不断努力,甚至包括
了不惜释放 11 名在朝鲜战争中俘获的美军飞行员作为交换,1955 年 8 月
4 日,钱学森收到了美国移民局允许他回国的通知。1955 年 9 月 17 日,钱
学森回国愿望终于得以实现。这一天钱学森携带妻子蒋英和一双幼小的
儿女,登上了“克利夫兰总统号”轮船,踏上返回祖国的旅途。1955 年 10
月 1 日清晨,钱学森一家终于回到了自己魂牵梦绕的祖国,回到自己的
故乡。

　　归国之后,周恩来在各方面都给予了钱学森亲切细致的关怀。1956
年初,他向中共中央、国务院提出《建立我国国防航空工业的意见书》;同
年,国务院、中央军委根据他的建议,成立了导弹、航空科学研究的领导机
构——航空工业委员会,并任命他为委员。1956 年,参加中国第一次 5 年
科学规划的确定,钱学森与钱伟长、钱三强一起,被周恩来称为中国科技界
的“三钱”,钱学森受命组建中国第一个火箭、导弹研究所——国防部第五
研究院并担任首任院长。1956 年,任中国科学院力学研究所所长、研究
员。1957 年,在钱学森倡议下,中国力学学会成立,钱学森被一致推举为
第一任理事长。2 月 18 日,周恩来总理签署命令,任命钱学森为国防部第
五研究院第一任院长。11 月 16 日,周恩来总理任命钱学森兼任国防部第
五研究院一分院院长。同年,钱学森所著《工程控制论》获中国科学院自
然科学奖一等奖,并被补选为中国科学院学部委员。1957 年 6 月,中国自
动化学会筹备委员会在北京成立,钱学森任主任委员。同年 9 月,国际自
控联成立大会推举钱学森为第一届 IFAC 理事会常务理事。1958 年,为了

为"两弹一星"工程培养人才,应钱学森关于建立"星际宇航学院"的要求,成立了中国科学技术大学,钱学森任中国科学技术大学近代力学系主任,成为中国科学技术大学的创始人之一。经杜润生、杨刚毅介绍,加入中国共产党。1959 年,钱学森当选为第二届全国人民代表大会代表。并相继当选为第三、四、五届全国人民代表大会代表。1959 年 9 月 19 日,钱学森专程从北京来到已从上海迁至西安的西安交通大学参观校园,看望师生。

1960 年,钱学森任国防部第五研究院副院长,并不再兼任该院一分院院长。从此,钱学森的主要职务一直为副职,由第五研究院副院长,到第七机械工业部副部长,再到国防科学技术委员会副主任等,专司中国国防科学技术发展的重大技术问题。1960 年 11 月 15 日,在聂荣臻元帅现场亲自指导下,以张爱萍将军为主任,孙继先、钱学森、王诤为副主任的试验委员会,在我国酒泉发射场成功地组织了我国制造的第一枚近程导弹的飞行试验。1961 年,钱学森当选为中国自动化学会第一届理事会理事长。1962 年,《物理力学讲义》出版。1963 年,《星际航行概论》出版。1965 年,任第七机械工业部(导弹工业部)副部长。1966 年 10 月 27 日,钱学森协助聂荣臻元帅,在酒泉发射场直接领导了用中近程导弹运载原子弹的"两弹结合"飞行实验,获得圆满成功。1968 年,钱学森兼任中国人民解放军第五研究院(即今天的中国空间技术研究院)院长。1969 年,钱学森当选为中国共产党第九次全国代表大会代表和第九届中央委员会候补委员。并相继当选为第十、十一、十二、十三、十四、十五次全国代表大会代表,第十、十一、十二届中央委员会候补委员。

1970 年,钱学森任国防科学技术委员会副主任,并不再兼任中国人民解放军第五研究院院长。1979 年,在中美正式建立外交关系的当年,获美国加州理工学院"杰出校友奖"(Distinguished Alumni Award)。但钱学森没有到美国接受这份荣誉。

1980 年,钱学森当选中国科学技术协会第一届全国委员会副主席;1986 年当选中国科学技术协会第三届全国委员会主席。1982 年,任国防科学技术工业委员会科学技术委员会副主任。当选为中国力学学会名誉理事长。任国防部第五研究院院长,兼任该院一分院(即今天的中国运载火箭技术研究院)院长。《论系统工程》出版,1988 年《论系统工程》(增订版)出版。1984 年,在中国科学院第五次学部委员(院士)大会上,被增选为中国科学院主席团执行主席。1985 年,钱学森因对中国战略导弹技术的贡献,作为第一获奖者和屠守锷、姚桐斌、郝复俭、梁思礼、庄逢甘、李绪鄂等获全国科技进步特等奖。1986 年,在政协第六届全国委员会第四次全体会议上,被增选为政协第六届全国委员会副主席,并相继当选为政协第七、第八届全国委员会副主席。1987 年,被聘为国防科学技术工业委员会科学技术委员会高级顾问。《社会主义现代化建设的科学和系统工程》出版。1987 年 5 月 3 日,担任中国人体科学学会名誉理事长。1988 年,兼任政协第七届全国委员会科学技术委员会主任。获(1985 年度)国家科技进步奖特等奖。《关于思维科学》出版。1988 年,《论人体科学》出版。《创建人体科学》《人体科学与现代科技发展纵横观》和《论人体科学与现代科技》分别于 1989 年、1996 年、1998 年出版。1989 年,获国际技术与技术交流大会和国际理工研究所授予的"W.F.小罗克韦尔奖章""世界级科学与工程名人"和"国际理工研究所名誉成员"称号,获得一级英雄模范奖章。《钱学森文集(1938—1956)》出版。

1991 年,在中国科学技术协会第四届全国委员会第一次全体会议上,钱学森被授予"中国科学技术协会名誉主席"称号。当选中国空气动力学研究会(1989 年更名为中国空气动力学会)名誉理事长。当选中国系统工程学会名誉理事长。1994 年,在中国工程院第一次院士大会上,钱学森被选聘为中国工程院院士。《论地理科学》出版。《城市学与山水城市》出版。1995 年,获何梁何利基金颁发的首届(1994 年度)"何梁何利基金优秀奖"(后改称"何梁何利基金科学与技术成就奖")。1995 年,经中共中央宣传部批准,将西安交通大学图书馆命名为钱学森图书馆,时任国家主席江泽民为之题写了馆名。1998 年,被聘为解放军总装备部科学技术委员会高级顾问。在中国科学院第九次院士大会和中国工程院第四次院士大会上,钱学森被授予"中国科学院资深院士""中国工程院资深院士"称号。1999 年,获中共中央、国务院、中央军委颁发"两弹一星功勋奖章"。

2000 年,《钱学森手稿(1938—1955)》出版。2001 年 12 月 11 日,江泽民看望钱学森,当时的副总理李岚清也一同看望,《论宏观建筑与微观建筑》《第六次产业革命通信集》《创建系统学》出版。1995 年、1996 年和 1999 年江泽民曾先后三次到钱学森家中看望他。2001 年 90 岁生日时,钱学森在美国的好友 Frank E. Marble 教授受美国加州理工学院校长 D.Baltimore 委托,专程到北京将"杰出校友奖"的奖状和奖章当面颁发给钱学森并当选中国宇航学会名誉理事长。2001 年 12 月 11 日 90 大寿之时,钱学森为母校上海交通大学题词:"希望上海交通大学全体师生要继承和发扬母校优良传统,热爱祖国,崇尚科学,追求真理,报效人民,在 21 世纪,努力把上海交通大学建成世界一流大学。"钱学森始终心系母校,充分发扬了交通大学饮水思源的光辉传统。

钱学森一生功勋卓著、硕果累累,在"两弹一星"、应用力学、物理力学、航天与喷气、工程控制论和系统科学等领域取得了举世瞩目的成就。

152

1956 年初,钱学森向中共中央、国务院提出《建立我国国防航空工业的意见书》。同时,在国家"两弹一星"领域,钱学森组建中国第一个火箭、导弹研究所——国防部第五研究院并担任首任院长。他主持完成了"喷气和火箭技术的建立"规划,参与了近程导弹、中近程导弹和中国第一颗人造地球卫星的研制,直接领导了用中近程导弹运载原子弹"两弹结合"试验,参与制定了中国近程导弹运载原子弹"两弹结合"试验,参与制定了中国第一个星际航空的发展规划,发展建立了工程控制论和系统学等。在钱学森的努力带领下,1964 年 10 月 16 日中国第一颗原子弹爆炸成功,1967 年 6 月 17 日中国第一颗氢弹空爆试验成功,1970 年 4 月 24 日中国第一颗人造卫星发射成功。

钱学森在力学的许多领域都做过开创性工作。他在空气动力学方面取得很多研究成果,最突出的是提出了跨声速流动相似律,并与卡门一起,最早提出高超声速流的概念,为飞机在早期克服热障、声障,提供了理论依据,为空气动力学的发展奠定了重要的理论基础。高亚声速飞机设计中采用的公式是以卡门和钱学森名字命名的卡门-钱学森公式。此外,钱学森和卡门在 30 年代末还共同提出了球壳和圆柱壳的新的非线性失稳理论。钱学森在应用力学的空气动力学方面和固体力学方面都做过开拓性工作;与冯·卡门合作进行的可压缩边界层的研究,揭示了这一领域的一些温度变化情况,创立了"卡门—钱近似"方程。与郭永怀合作最早在跨声速流动问题中引入上下临界马赫数的概念。

在物理力学领域,钱学森在 1946 年将稀薄气体的物理、化学和力学特性结合起来的研究,是先驱性的工作。1953 年,他正式提出物理力学概念,大大节约了人力物力,并开拓了高温高压的新领域。1961 年他编著的《物理力学讲义》正式出版。1984 年钱学森向苟清泉建议,把物理力学扩展到原子分子设计的工程技术上。

从 20 世纪 40 年代到 60 年代初期,钱学森在火箭与航天领域提出了若干重要的概念:在 20 世纪 40 年代提出并实现了火箭助推起飞装置(JATO),使飞机跑道距离缩短;在 1949 年提出了火箭旅客飞机概念和关于核火箭的设想;在 1953 年研究了跨星际飞行理论的可能性;在 1962 年出版的《星际航行概论》中,提出了用一架装有喷气发动机的大飞机作为第一级运载工具。

钱学森的工程控制论是控制学界最有影响的著作之一,在其形成过程中,把设计稳定与制导系统这类工程技术实践作为主要研究对象,钱学森本人就是这类研究工作的先驱者。此外,钱学森还对系统科学有重大贡献,最重要的贡献是,他发展了系统学和开放的复杂巨系统的方法论。

3.2 "中国自动控制开拓者"张钟俊

张钟俊(1915—1995 年),出生于浙江嘉善,自动控制学家,电力系统和自动化专家,中国自动控制、系统工程教育和研究的开拓者之一,如图 3.2 所示。

1990 年 7 月,上海交通大学和上海科学技术协会隆重举行"张钟俊教

授执教 50 周年学术研讨会"。张钟俊教授 50
年来的科研与教育生涯是一本优秀的教材,
其中虽无惊天动地的事迹,却无时无刻不闪
烁着他崇高的理想和不断进取的精神。

1915 年 9 月,张钟俊出生在浙江嘉善的
一个普通的教员家庭。11 岁那年,他离开家
乡赴嘉兴求学,不久到上海就读于南洋中学。
青少年时代,张钟俊就表现非凡,他博学强
记,思维敏捷,兴趣相当广泛。他辗转各地,

图 3.2　张钟俊

进过许多学校,成绩一直名列前茅,而且一次又一次得到跳级的荣誉。

1930 年 9 月,才过 15 岁的张钟俊以杰出的成绩考入国立交通大学电
机工程学院。交通大学严格的基础教育为张钟俊的成长奠定了扎实的
基础。

1934 年 7 月,张钟俊在交大毕业,获得了电机工程学士学位,并以其
出色的学绩取得中美文化教育基金会的奖学金,进入美国的麻省理工学院
电工系读研究生。

麻省理工学院堪称世界工程科学的骄傲,在那里云集着一批优秀的科
学家。学院一贯以培养创造性人才为宗旨,对学生的教育强调开拓而不是
知识的堆积。在那里,优越的设备条件、丰富的图书资料汇成了知识的海
洋。张钟俊如鱼得水,如饥似渴地学习,废寝忘食地钻研。他的天赋和勤
奋使他很快地在麻省理工学院崭露头角。两个学期之后,他获得了硕士学
位,又经过 5 个学期,他获得了科学博士学位。张钟俊作为麻省理工学院
第一个博士后副研究员留校工作,协助哥爱莱明(Guillemin)教授研究网
络综合理论。

麻省理工学院对于攻读科学博士学位的研究生要求几近苛刻。研究
生除了要攻读本专业课程之外,还必须在理学院选择一门专业作为副科;
不但要求掌握该副科专业大学本科核心课程知识,而且要求选读该专业的
两门研究生课程。电工是张钟俊的主科,副科他选择了数学专业。在数学
系进修期间,张钟俊结识了控制论的创始人——R.维纳教授。维纳给他讲

授傅里叶分析,这是维纳极有造诣的一门课程。维纳深入浅出的讲解、他的渊博知识以及非凡的综合能力,给张钟俊留下很深的印象。他暗暗将维纳作为自己的楷模,因而除了听课他还经常单独去向维纳求教,讨论的内容已经远远超出了傅里叶分析。

麻省理工学院是当时美国少数几个有权授予科学博士学位的院校之一。为了自己的声誉,学校要求博士学位论文不但内容要完整而且必须有独特的见解。在导师列昂(Lyon)和斯脱莱通(Stratton)的指点下,张钟俊选择了单相电机的短路问题作为博士论文的研究课题。他研究了凸极电机短路的暂态过程。这是一个多年来悬而未决的难题,其中要涉及求解一个含周期变化参数的常微分方程。渊博的知识使张钟俊联想到天体的运行,这也呈现一种周期变化的特征,而天文学家是利用傅里叶级数进行探讨的。他大胆地将这种方法推广到单相凸极电机的短路动态方程上,经过周密的论证和巧妙的推理,他终于获得了成功,第一次在理论上获得了这类电机的一个模式常数。这个常数在另一个硕士研究生的实验中得到证实。张钟俊的博士论文《单相电机短路分析》在 1937 年 12 月进行答辩,与会者对文章给出极高的评价,认为其中提出的方法不只是对电机学,并且对数学研究也是一个创新。

由于学业上的出类拔萃,毕业后张钟俊被推荐到美国有名气的大学里担任助理教授。然而种族偏见剥夺了他这次机会,面对这种不公正的待遇,张钟俊义愤填膺,他下定决心:学成之后一定要为中华儿女争这口气。后来,学校继续留他做博士后副研究员。自 1861 年麻省理工学院创办以来,张钟俊是该校电工系第 28 位科学博士,也是第一位博士后副研究员。他协助哥爱莱明(Guillemin)教授研究网络综合理论。在网络综合领域,哥爱莱明是公认的创始人之一。当时这门理论还处于启蒙阶段。从 1937 年 12 月到 1938 年 10 月,张钟俊不但熟悉了网络综合的背景,而且开始能够独立地从事这个领域的研究工作。

1938 年,日寇的铁蹄踏进中国的华东。9 月,张钟俊接到家书,信中说杭州沦陷,全家内迁避祸江西。国破家危,年轻的张钟俊热血沸腾。10 月,他经香港回到上海。

张钟俊在海外学成,名声早已流传到中华。他刚刚踏上国土,西南联大、浙江大学、广西大学和武汉大学竞相聘请他担任教授。美商上海电力公司也以高薪相聘。回想起海外华人所受的侮辱,再看眼前民众的疾苦,张钟俊断然拒绝了外商的聘请,他要与国人同甘共苦。1938 年 11 月他毅然离沪进川,担任武汉大学(当时已迁至四川省乐山县)电机系教授,时年 24 岁。

不久,日寇飞机在乐山投下燃烧弹,劫后的乐山遍地断砖残瓦,校舍也不能幸免。张钟俊即去重庆,转任国立中央大学电机系教授。一年后,适逢交大校友在重庆小龙坎筹建交大分校。母校情笃,张钟俊积极参与此事。当 1940 年交大小龙坎分校正式成立时,张钟俊被聘为教授,任电机系主任。

1942 年 2 月,鉴于上海的交通大学名称已不存在(改为南洋大学),原交大分校在现有基础上扩充并在重庆九龙坡另建新校舍,成立重庆交通大学。学校新设置电信研究所,聘张钟俊担任电信研究所主任。1943 年秋,电信研究所正式招收研究生,课程设置参照美国的哈佛大学和麻省理工学院。张钟俊亲自讲授高等电工数学、电信网络等课程,还指导学生从事网络综合理论的研究。到 1948 年,张钟俊在网络综合领域里已经很有造诣,他将这一时期的研究成果写成《网络综合》一书。这是国际上第一本阐述网络综合理论的专著,书中采用了复频率概念来表征两端口和四端口网络的阻抗函数,它们分别是复变量的标量和矩阵的有理函数。这个概念与经典控制理论及以后的现代控制理论中的传递函数和传递函数矩阵是一致的。书中还提出了正实函数与网络的物理可实现性间的关系。

在电信研究所的后期,张钟俊开始研究自动控制理论。他在电信研究所讲授伺服原理。后于 1950 年到长春中国科学院机电研究所再次讲授这门课程,从此开创了我国控制理论和控制技术的研究历史。

1945 年秋,日寇投降了。重庆交通大学和南洋大学汇合,他返回上海徐家汇。两校汇合后继续设置电信研究所,仍然由张钟俊担任该所主任。入冬后,张钟俊便举家搬迁至上海。

到上海之后,张钟俊应聘兼任了上海市公用事业管理局的技术室主任

（按照现在称呼为总工程师）。当时，该局经管上海全部的公用事业，包括电力和电讯、电车和公共汽车、煤气和自来水，以及市轮渡、地下铁路（筹建）共 8 个方面。其中固然有张钟俊熟悉的领域，但也有他生疏的方面。作为技术室主任他必须掌握科学管理的方法和具备科学管理的能力。当时大部分的公用事业都由外商经营，同他们打交道他必须懂得契约和合同法规及关于社会关系的各种知识。就是这段经历为张钟俊日后在中国开创系统工程研究准备了条件。

1948 年末，国民党政府摇摇欲坠，正在那时，张钟俊收到了麻省理工学院校长斯脱莱通的信，邀请他赴美担任该校电工系教授。但张钟俊决意留下来，和广大人民一起迎接上海的解放。

上海解放了，军管会请张钟俊留任公用事业局，协助搞好公用事业的接管工作。原先各租界的电网是独立的，各电厂的输出电压和频率也不尽相同，为了能够对全市的供电进行统一管理，张钟俊领导并具体指挥了电网合并工作，改造了部分发电机组，统一了电压和频率。接着他又建议抽调干部组织电力调度培训班，培养电力管理人才。张钟俊还主持了上海黄浦区第一条过江电缆的设计和安装，改变了浦东地区缺电的局面。

1950 年初，震惊中外的"二·六"轰炸使杨树浦发电厂遭到严重破坏。为了预防再次空袭，其他电厂也在准备转移设备。这使上海的电力供应显得非常紧张。针对这种情况，张钟俊提出了一系列措施缓和电力供需矛盾，协助人民政府战胜困难。为了错开供电高峰负荷，他建议实行轮流休息制度和三班制；为了保证工业用电，他建议禁止使用电炉等耗电量大的家用电器和临时提高民用电价等，其中的一些措施很快在全国推广。

根据高教部关于合并研究所的决定，上海交通大学的电信研究所于1950 年停止招生，次年最后一届研究生结业。1950 年夏，张钟俊赴长春接洽电信研究所的转交事宜。他在长春中国科学院机电研究所讲授伺服原理，这是中华人民共和国成立以后首次开设的自动控制课程。

电信研究所结束后，张钟俊转入了电力系的发电专业。他科研的重点也随之转入了电力系统。为了集中精力搞好新的教学工作，张钟俊辞去了公用事业管理局的职务。在他的精心培养下，一批又一批的中国电力建设的专门人材脱颖而出,活跃在祖国的各个地方。

1956 年,高教部指派张钟俊出席国务院召开的全国长期(12 年)科学规划会议。出席会议的有全国各地的 300 多位专家。会议分成几个专业组,张钟俊是电力组成员,并在会议的最后阶段执笔编写了电力系统这部分的长期规划。会议之后,张钟俊被委任为国家科委电力组成员。

同年,张钟俊根据电厂的实际情况研究用线性规划等运筹学工具来讨论电力系统优化的可能性,他和他的助手首次提出了在各发电厂燃料消耗增益相等时的负荷经济分布的条件,首次给出了选择补偿器位置及其配置容量的计算方法,在国内的同行中引起很大的反响。1957 年,他们又提出了在众多的约束条件下的电力经济分布方程。他的有关论文中的优化设计的思想和方法与以后提出的系统工程中的最优化原则是吻合的,在当时国内工程界是相当罕见的。

1958 年起,上海交通大学开始设置军事性质的专业。为了保证和提高这些专业的教育质量,张钟俊调任无线电系和自动控制系主任。后来,鉴于张钟俊在自动控制领域的造诣和声望,他又被委任为国家科委自动化专业组副组长。

1966 年以后,现代控制理论迅猛发展,控制技术步入了一个新的阶段。张钟俊依然坚持学习这些最新发展的理论,时刻关注着它们的新成就。

1973 年,为了解决潜艇的惯性导航,张钟俊和部分同事组织了讨论班。他主讲现代控制理论,同时编著了《矩阵方法和现代控制理论》一书,该书成为我国最早阐述现代控制理论的著作。同年,他又撰写了《现代控制理论综述》,向国内同行介绍现代控制理论的发展状况。经过两年的努力,导航问题获得完美的解决。他们将主要结论写成论文《陀螺角速度漂移数学模型的辨识》。文章应用卡尔曼滤波技术对惯性导航系统的反馈信息进行处理,从而大幅度提高了控制精度。这项研究后来获得全国科学大会奖和上海市重大科技成果奖。

1976 年 10 月,"四人帮"垮台了。科学界像沐浴在春风中,充满了勃勃的生机。春风吹进了张钟俊的心扉,尽管这时候他已两鬓挂霜了,但仍感到浑身充满了春天的活力。

　　为了夺回失去的时光，张钟俊积极展开了 3 个方面的工作。他一方面积极投身于国际学术交往中，利用自己的学识和地位为中国的自动化事业扩大影响，争得荣誉；一方面坚持在校内带领同事和学生学习新知识，研究新课题，承担理论和实际的攻关项目；一方面不辞辛劳地奔波在祖国各地，讲课，做报告，传授新知识，介绍新动向或者推广科研成果，为经济建设服务。

　　1978 年秋，张钟俊参加了上海交通大学访美代表团，并负责电子、电工和自动控制等领域的交流和调研。在短短的 45 天的访问中，张钟俊敏锐地注意到微电脑的开发和应用是一项关键性的突破。从航天事业到污染治理，从工业控制到音乐作曲，从政府机构到家庭和个人都广泛地使用了微电脑。他每到一地总提出要参观计算机房，询问机器的性能，了解它们的用途。在张钟俊的提议下，代表团带回了王安计算机和 INTEL 开发系统。张钟俊认识到，要把我国的生产水平和管理水平搞上去，必须大力推广应用微电脑，普及微电脑的应用知识。回国后，他即组织微电脑开发的研究，筹建计算机应用的学术组织。

159

　　在美国访问期间，张钟俊还发现系统的思想正在广泛地渗透到自然科学和社会科学的各个领域，特别是系统工程作为一门科学管理的方法论有着重要的应用价值。他发现作为自动控制与工程技术的结晶，机器人的研制正在美国崛起，前途无量。回国后，他立即着手进行这些课题的研究。1980 年，张钟俊再次访美，并应邀在密执安大学和佛罗里达大学作短期讲学。在佛罗里达大学，张钟俊和现代控制理论的创始人 R.E.卡尔曼相遇了。卡尔曼倾听了张钟俊题为"系统工程在中国"的演讲，对他在系统工程方面的见解表示赞赏。共同的事业将两位科学家联系在一起。应张钟俊的邀请，翌年，卡尔曼来我国讲学。

　　在这次访问中，张钟俊参观了美国最大的咨询机构——兰德公司，听取了公司人员的介绍。张钟俊再次体会到系统工程方法在预测和决策中的重要地位，他联想到祖国正在进行现代化建设，深感大有必要推广系统工程理论。这项工作将对现代化建设的科学管理和科学规划带来裨益。

在他的提议下,上海交大在系统工程研究所的基础上于 1981 年又成立了系统工程跨系委员会。

1978 年以来,张钟俊不顾自己年事已高,出席自动化领域的各种国际会议十多次,美国、法国、英国、瑞士、联邦德国和中国香港等许多地方都留下了他的足迹。鉴于他的名望和成就,他多次被邀请担任会议的主持人或者讨论会的召集人。

"文革"以后,张钟俊历任上海交通大学的计算机系主任、电工和计算机科学系主任。在国家号召领导班子年轻化的时候,他主动退居二线。

1978 年恢复研究生制度以后,张钟俊即担任硕士研究生导师。1983 年设置博士学位的时候,他被批准为博士导师。1986 年国家建立博士后流动站,他又被委任为博士后导师。他的科研领域相当广泛,并且与国家的重点科研项目紧密结合,涉及最优控制、系统辨识、自适应控制、预测控制、电力系统、大系统、经济控制、计算机辅助设计、智能控制、机器人学、非线性控制等很多方面。其中大部分在当时都是控制学科的前沿课题。从 1982 年以来他和他的学生们的研究成果 3 次获得"国家科技进步奖"二等奖。

在指导研究生的同时,张钟俊还带领同事们做了大量的实际课题。其中比较突出的是地区发展规划的咨询。

张钟俊具体负责了上海交通大学接受的新疆维吾尔自治区长期发展规划的咨询课题。1983 年 11 月底,年近古稀的张钟俊率领首批考察组进疆考察。1984 年,张钟俊等人对 50 万个关于中华人民共和国成立后新疆经济发展状况的统计数据作了整理和分析,从中萃取了 5 万个数据作为建立数学模型的依据,并决定了以定量为主、定性为辅的建模方针。在大家的努力下,建立了描述宏观经济的系统动力学模型,反映各生产部门间相互依赖关系的投入产出模型和用状态空间描述的动态经济控制模型,并完成了一个附属的特尔菲型专家咨询系统。根据模型,课题组在计算机上模拟获得了新疆地区在 1990 年至 2000 年能够达到的各项经济指标指数,提供了实现这些指标的具体方案,描绘了 21 世纪新疆的远景,还预测出了潜在的问题。

　　"新疆宏观社会经济模型"是我国第一个采用系统工程理论建立起来的大型地区性的社会经济模型。这项研究获得了上海市科技成果奖。这项研究采用的方法为规划的科学化提供了一个范例。之后他还负责完成了牡丹江、常熟等市的远景规划和我国钢铁工业发展规划等的咨询任务。

　　1986 年,张钟俊已入古稀之年,他辞去了校内所有的行政职务,然而从那时起他显得更忙碌了。他一年四季奔波在祖国各地,担任了华侨大学、西安交通大学、北方交通大学、重庆大学、合肥工业大学等 23 所高等院校的顾问教授或者名誉教授和湖南科技大学等两所院校的名誉校长。他担任了厦门经济特区、常熟和嘉兴等市的高级科技顾问,为经济和技术发展出谋划策。他担任了国家自然科学基金会信息科学部评审组成员和奖励委员会委员。他还曾担任过国务院学位委员会自动化小组的召集人、中国自动化学会和中国系统工程学会的副理事长,以及中国微电脑应用学会名誉理事长和上海微电脑应用学会的理事长。

　　1988 年 8 月,全美电子电工工程协会的 SMC 专业委员会在中国举行国际学术会议。闭幕式上举行了隆重的赠旗仪式。会议主席将一面协会的会旗赠送给张钟俊教授,表彰他在中国开创了自动化的教育和研究。

　　与世界上许多杰出的科学家一样,在 20 世纪 60 年代初期张钟俊便以极大的热忱关注着卡尔曼和庞得里亚金在控制理论方面的新进展。在 1962 年卡尔曼和布西提出新的滤波设计的时候,他就认识到一门新的理论已经脱颖而出了。1964 年,张钟俊将卡尔曼滤波技术应用到"远航仪"的接收信号的处理中,成为我国第一批将现代控制理论应用于实际工程的科学家。1973 他在主持核潜艇的惯性导航这个研究课题中,又应用了现代的系统辨识技术建立了陀螺角速度漂移的数学模型,而且再次应用卡尔曼滤波设计了信号反馈装置,大幅度提高了潜艇定位的精度。

　　如果说第二次世界大战促成了经典控制理论的诞生,而空间技术和计算机发展导致了现代控制理论的话,那么当前的世界问题,例如能源问题、环保问题、人口问题和经济问题等,又对控制理论提出了新的课题。张钟俊注意到了这样的事实。现在需要讨论的系统结构更加复杂:一方面这种系统的运行过程常常夹杂着人的思维活动,系统的行为变得更加不确定起来;另一方面需要讨论的系统规模更加庞大。它常常是由一些小系统按照递阶或者完全分散的形式耦合生成,经典的信息结构被打乱了。这些新特点使得传统的控制手段变得几乎是一筹莫展。根据 20 世纪 70 年代以来需要解决的问题的新特点和理论的新进展,张钟俊支持"控制理论进入了第三个发展阶段"的看法,认为现在已经是大系统理论时代。这个观点一直指导着他的研究方向。

张钟俊在自动控制领域中的贡献众所归望。1981 年他当选为中国科学院技术科学部学部委员。

张钟俊带领同事们和同学们进行了大量的研究,他们总选取领域的前沿课题作为自己的研究对象,在研究中讲究实际与理论并重。例如,预测控制是 20 世纪 70 年代才提出的一种实用的控制技术,张钟俊及其同事们在这项技术刚诞生之际就予以重视,他们进行了许多理论上的探索,提出了预测控制中控制和校正分离的新框架,提出了双重预测和分散信息的预测控制方法,并正着手应用到化工工业控制中,在普遍注重算法设计的预测控制领域中,他们在工作方面称得上是佼佼者。此外在广义系统、设计技术等领域,他们都取得了重要进展。

也许是早年在上海市公用事业局工作的那段经历,张钟俊一直关注着管理科学的发展。20 世纪 60 年代前后,系统工程逐步形成了一门独立的学科,它以全局的观点出发,综合应用现代科学技术和先进的管理技术,追求整体最优规划、实施方案和具体运行。20 世纪 60 年代后期系统工程方法应用到经济学和管理学等许多领域,表现出强大的力量。1977 年,祖国正从长期的动乱走向安定团结,满目疮痍亟待治理,停滞多年的经济亟待振兴,规划问题随之而来。这一年,张钟俊在广州召开的一次全国性学术会议上,提出了在我国推广应用系统工程的主张,成为我国首批倡导系统工程方法的科学家之一。在这次会议上,张钟俊结合国际上成功应用的范例,深入浅出地介绍了系统工程的观点、内容和方法,与会者颇有震耳发聩之感。

20 世纪 80 年代前后,张钟俊和其他学者一起,将大系统理论和系统工程方法结合在一起分析宏观经济问题,提出了新一代的经济控制论。

　　经济控制论的发展可以有这样一些里程碑:20 世纪 60 年代奥斯卡·兰格用经典控制方法详细讨论了凯恩斯理论,将可靠性理论引入了经济领域,用控制理论方法研究了经济现象的稳定性;20 世纪 70 年代邹至庄在经济问题中引进了最优控制方法,曼内斯库则引进了状态空间方法和对国民经济大系统的结构作了逐层剖析;到了 20 世纪 80 年代,张钟俊和他的同事们将最新的控制理论用于经济现象的分析,他们在经济控制问题中引进了能控性和能观性,提出了经济系统建模的原则和步骤,提出了经济系统最小实现模型,提出了动态投入产出分析法,阐述了经济系统仿真的意义和特点。这些论著后由中国数量经济研究会陕西分会在 1981 年整理出版。这些论文开拓了我国经济控制的现代理论阶段,对于建立我国的社会经济模型具有一定的启示和指导作用。

　　1984 年以来,张钟俊和他的同事们应用系统工程思想完成了新疆等地发展规划的咨询。张钟俊的这些理论和实践在我国系统工程发展史上无疑是一座丰碑。

　　有人说计算技术和自动控制是一对孪生兄弟,兴许这是确切的,许多控制理论学者都非常重视计算机科学的进展。张钟俊也持有这种观点,并进一步认为计算机科学的突破是现代控制新理论诞生的助产婆。

　　1984 年,张钟俊又提出了以大系统理论为指导,以微电脑应用为突破手段,形成分级分布式计算机控制和信息管理的工业大系统理论,这个理论又简称为“一大一微”。他以杰出的才能和渊博的知识勾画了工业大系统的研究框架。他分析了这类系统信息结构分散的特性,论述了微电脑应用在控制中的基本作用,提出了计算机通信、计算机协调等新的研究课题。

　　张钟俊长期从事系统科学、控制理论与应用的研究,在将系统工程用于战略规划和将控制理论用于工程设计方面取得丰富的成果和贡献,开创了中国自动控制教育和研究的先河,他是中国自动化发展进程的开拓者和带头人,也是中国系统工程的首批倡导者和践行者,为中国的电力系统、自动化技术和科学管理等领域培养了一大批专门人才,关于其影响有“北钱(钱学森)南张(张钟俊)”之说。

　　张钟俊在教育、科研战线上辛勤耕耘,开拓创新,为创建中国自动控制、系统工程学科及其教育、研究和应用,为中国电力事业的建设和发展,都做出了卓著贡献。他对数代青年亲切提携引导,谆谆善教,培养和造就了成千上万名中青年科学人才,支撑了中国现代化建设的众多领域。我们应该学习他热爱祖国、奉献社会的精神,开拓创新、严格务实的学风和献身事业、提携后人的品格,为中国控制科学的发展和国家民族的复兴做出新的贡献。

3.3 "中国现代控制理论的创建者"关肇直

关肇直(1919—1982 年),广东省南海县人,数学家,系统与控制学家,中国科学院院士,中国现代控制理论的开拓者与传播人,中国科学院系统科学研究所的第一任所长,如图 3.3 所示。

关肇直开创性地揭示出泛函分析中"单调算子"的思想,证明了求解希尔伯特空间中非线性方程的最速下降法的收敛性。他应用抽象空间中线性算子的谱扰动理论,给出平板几何情形

图 3.3 关肇直

的中子迁移算子的谱的确切结构,并指出本征广义函数组的完整性。

从 20 世纪 60 年代开始,他全身心地投入现代控制理论的研究及其在中国的推广。他提出细长飞行器弹性振动的闭环控制模型,开创了分布参数系统理论的一个新方向。他用线性算子紧扰动方法,证明了一类无穷维系统的能控性与能观测性。他主持的课题"现代控制理论在武器系统中的应用"和"我国第一颗人造卫星的轨道计算与轨道选择"获 1978 年全国科学大会奖;"飞行器弹性控制理论研究"获 1982 年国家自然科学二等奖;他还主持了"尖兵一号返回型卫星和东方红一号"项目中轨道设计、轨道测定和地面站配置等三个课题,该项目获 1985 年国家级科技进步特等奖,关肇直个人被授予"科技进步"金质奖章。

　　为推广现代控制理论,他踏遍了祖国的山山水水。在他的领导、组织和推动下,中国有了第一个控制理论研究室,第一次"全国控制理论与应用"会议,第一本《控制理论与应用》杂志⋯⋯ 他是中国现代控制理论的开拓者,一位杰出的先驱者。

　　关肇直原籍广东省南海县。父亲关葆麟早年留学德国,回国后任铁道工程师。母亲陆绍馨毕业于北洋女子师范大学,曾任教于北京女子师范大学。出生于这样一个书香门第,使他从小受到良好的文化熏陶。当他 11 岁的时候,父亲因病去世。从此,生活的重担就落到了他母亲的身上。她以微薄的工资艰难地抚育关肇直和他的弟弟妹妹。母亲对他们的教育尤为重视,让他们个个读书成才。出于对母亲的感激,关肇直一生侍母甚孝,此是后话。

　　关肇直从小跟父母亲学习英语和德语。1931 年考入英国人办的北京崇德中学。学校对英语要求十分严格,因此,关肇直英语极佳。加上他的语言天分,日后他还熟练掌握了德语、法语、西班牙语、俄语等多种外语。1936 年高中毕业,他考入清华大学土木工程系。一年后因病休学。休学期间,为打发时间他读了一些数学书,无意间对数学产生了浓厚的兴趣。身体康复后,他转入燕京大学数学系学习。

　　关肇直兴趣广泛,博学多才,有很好的哲学、历史和文学素养,加之能言善辩,常常语出惊人,因此深得同学们的钦佩,称他为"关圣人"。他有着惊人的记忆力,读过的书籍、文章几近过目不忘。同事们经常为一些学术问题甚至哲学、历史、天文、地理等杂学讨教于他,他总能旁征博引,详加解说,直到同事们满意。有时,他甚至会告诉你,这个问题在某书或某杂志的哪一页可以找到答案。博闻强记至此,令人叹服。

　　1941 年他大学毕业,由于成绩优异,被留校任教。那时,正是日寇侵略、国土沦丧、抗日烽火燃遍祖国大地的年代。不久后,他与燕大师生一起,不得不离开北平,负笈西行,颠沛流离。他一边治学,一边积极参加共产党领导的抗日救亡运动。他曾代表进步师生,在"读书与救亡运动"问题上与当时燕大校务长司徒雷登公开辩论。他的胆识与见地,敏捷的反应和流畅的英语,折服和影响了一大批师生。司徒雷登也十分器重他的才华,为了让他放弃其政治理想,司徒雷登于 1945 年亲自推荐他到美国华盛顿大学留学。出乎意料的是关肇直在收到他的推荐信后,回了一封长信,不仅谢绝了他的推荐,同时愤怒谴责了美国的对华政策。不久后,在司徒雷登的推荐下,一份优厚的奖学金直接由美国国务院授予了他,但他仍不为所动。1946 年,他离开燕京大学到北京大学数学系任教。次年加入了共产党。为了储备未来的建设人才,这一年,经党组织批准,他通过考试取得了赴法留学资格。在巴黎大学庞加莱研究所,他跟随一般拓扑学和泛函分析奠基人 M. Frechet 学习泛函分析。此后,泛函分析成为他终生致力的学科之一。同时,作为中国共产党旅法支部的成员,他积极参加革命活动,他是党领导的左翼统战组织"中国科学工作者协会"旅法分会的创办人之一,在法国组织和团结了一批优秀的爱国知识分子开展反蒋民主运动。其中包括著名的科学家钱三强、吴文俊等。

1949 年中华人民共和国诞生的春雷令他欣喜万分。想到中华人民共和国百废待兴,急需人才,一种革命者的使命感使他毅然谢绝了导师和朋友们的挽留,放弃了取得博士学位的机会,漫卷诗书,束装回国。回国后他就全身心投入中国科学院的筹建工作。他是中国科学院首届党组成员。当时中国科学院图书和外文资料散失严重,亟待整理,他担任了首任院编译出版局处长(当时无局长),图书管理处处长,图书办公室主任等职。凭着他的工作热情和外语优势,很快使混乱的图书资料管理走上了正轨。1952 年他参与了中国科学院数学研究所的筹组工作。此后,在数学研究所历任副研究员和研究员,从事他渴望已久的数学研究工作。他还兼任数学所党组成员、党委书记、副所长等领导工作。他在科研工作中提出"要为祖国建设服务、要有理论创新、要发扬学术民主、要开展学术交流"的四条原则。他强调理论联系实际,重视学科发展的实际背景,强调应用数学的重要性。我国有关数学发展的许多重要方针、措施,均与关肇直的学术思想有关。他与华罗庚等老一辈数学家一道,为中国数学的发展做出了自己的贡献。

1962 年,正当现代控制理论在国际上初露端倪的时候,他和钱学森等国内一些优秀的科学家,以他们敏锐的洞察力,立刻意识到控制理论在工业及国防现代化中的重要作用。在钱学森的极力倡导和推动下,在关肇直全力以赴的努力下,中国第一个从事现代控制理论的机构,数学研究所控制理论研究室成立了。关肇直亲自任主任,副主任由宋健担任。从此,他将自己的全副精力投入现代控制理论的研究和中国控制事业的发展。他为控制理论在中国的启蒙、发展和应用做了大量奠基性和开拓性的工作。今天,许多中国控制界的老一辈专家都忘不了关肇直给过他们的指导和帮助。

1979 年,为适应系统科学与控制理论的发展,他以极大的热情主导了中国科学院系统科学研究所的创建,并担任所长。1981 年他被选为中国科学院数理学部委员(院士)。作为中国数学与系统科学的主要学术带头人之一,他承担了许多组织和管理工作。他担任过中国数学会秘书长、北京数学会理事长、中国自动化学会副理事长、中国系统工程学会理事长、中科院成都分院学术顾问、国际自动控制联合会理论委员会委员等职。他同时还担任过《中国科学》《科学通报》《数学学报》《数学物理学报》《系统科学与数学》等杂志的主编、副主编或编委。还主编了一套《现代控制理论》小丛书。他对这套丛书倾注了许多心血。这套丛书主要是为从事控制理论研究的科研工作者和工程技术人员写的,它注意理论与实际并重,内容包括线性系统理论、非线性系统理论、极值控制与极大值原理、系统辨识、最优估计与随机控制理论,分布参数控制系统,微分对策等。这部丛书先后出了近 20 本,为现代控制理论在国内的传播、交流与发展做出了积极贡献。

由于长期超负荷的工作,1980 年,关肇直积劳成疾。在病榻上,他仍然坚持工作,为系统科学的未来,为控制理论研究的发展方向思索着、规划着。许多来看望他的同事,都被他的激情所感动,在病榻边和他讨论起工作或学术问题。这种情况最后只好由党委明令禁止。关肇直于 1982 年 11 月 12 日不幸病逝。他为了党的事业,为了自己的理想和追求,真正做到了鞠躬尽瘁,死而后已。

关肇直兴趣广泛、学识渊博,他的秉性和远见卓识以及他对发展祖国科学事业的责任感,使他勇于"开疆拓土,而不安于一城一邑的治理"(吴文俊、许国治语)。因而,他一生的研究工作涉足许多领域。其中,有代表性的是三个跳跃性的领域:数学中的泛函分析、物理学中的中子迁移理论、系统科学中的现代控制理论。

泛函分析,是数学中较年轻的一个分支,在 20 世纪初开始形成,30 年代才正式成为独立学科。它把具体的数学问题抽象到一种更加纯粹的代数、拓扑结构的形式中进行研究,逐步形成了种种综合运用代数、几何、拓扑手段分析处理问题的新方法。

20 世纪 40 年代之前的中国,泛函分析的教学与科研力量较薄弱。20 世纪 50 年代初,数学研究所成立不久,来到数学所的大学毕业生,绝大多数没有学过泛函分析的基础知识。关肇直以一贯的无私和开拓精神,为这些新来的年轻人补习泛函分析,引导他们逐步走上研究轨道。他又在北京大学数学力学系开设了我国第一门泛函分析专门化课程,将当时十分前沿的算子半群理论、非线性泛函、半序空间、正算子谱理论等都做了本质而精炼的介绍,表现出很高的学术水平和很强的前瞻性。1958 年关肇直编著的国内第一部泛函分析教科书——《泛函分析讲义》问世。该书吸取了当时国外几部有名的介绍泛函分析概要书之长处,内容适中,很具特色,便于初学。由于他的努力,为祖国培养了包括张恭庆院士等一批从事泛函分析研究的中坚力量。

关肇直善于从我国具体情况出发,开拓新的研究领域,发展新的学科。20 世纪 50 年代,国际上刚刚开始将非线性泛函分析用于近似方法的研究工作,他抓住时机,带领青年人开展这一领域的研究并取得了重要成果。1956 年他在《数学学报》上发表了论文"解非线性方程的最速下降法",该文证明了求解希尔伯特空间中非线性方程的最速下降法依这个空间中的范数收敛,并且和线性问题相仿,其收敛速度是依照等比级数的。这种方法可以用来解某些非线性积分方程以及某些非线性微分方程的边值问题。此后无穷维情形最速下降法得到了迅速发展。特别应该指出的是,这篇论文中首次出现了单调算子的思想。论文的主要假设是位算子导数的正定性。关肇直指出"在较弱的条件下证明本文中所提出的方法的收敛性似乎是值得研究的问题",后来人们通过进一步深入研究发现,这个所谓"较弱的条件"就是目前大家所知道的(强)单调性条件。单调算子概念的正式提出是 20 世纪 60 年代初的事情。单调性理论,包括单调算子、增生算子、非线性半群和非线性发展方程等理论,现今已经成为非线性泛函分析中的一个重要分支。关肇直对单调算子理论的成长作了开创性的工作。

关肇直一贯主张理论要联系实际,强调数学在发展我国经济和国防建设方面的重要意义。20 世纪 60 年代初正当我国独立自主地发展核科学技术之际,他与有关部门联系,主动承担反应堆中有关的数学理论研究课题。他与田方增一起又带领年轻人开展了中子迁移理论的研究,填补了国内这一研究领域的空白,并做出了具有国际水平的工作。1964 年他完成了论文"关于中子迁移理论中出现的一类本征值问题",应用希尔伯特空间中线性算子的谱扰动理论和不定度规空间中自伴算子的谱理论,指出了平板几何情形的中子迁移算子的谱的构造,以及本征广义函数组的完整性。在研究过程中,他把问题化成希尔伯特空间中一类特殊的本征值问题。可惜这一重要工作关肇直生前未能发表,直到他去世后,才于 1984 年发表在《数学物理学报》上。国际上 20 世纪 70 年代才出现相类似的工作,并且一直被认为是这一时期的中子迁移理论的创新工作。20 世纪 80 年代当国外同行得知他在 20 世纪 60 年代就做出如此出色的工作,都深表赞叹。他在数学所开创的中子迁移方程的研究工作,至今仍由其学生和同事林群院士等继续做下去。

在这一时期,关肇直也十分关注国际上兴起的激光理论中的数学问题。1965 年,他在《中国科学》上用法文发表了论文"关于'激光理论'中积分方程非零本征值的存在性"。国外学者用相当复杂的方法及大量的篇幅才证明了这种积分方程非零本征值的存在性,而关肇直则把问题化成一般形式的具有非对称核的积分算子的本征值问题后,在弱限制性的假设下用十分简捷的方法得到了上述结论的正确性。这一结果得到国内外专家的重视。

1962 年中国科学院数学研究所成立了控制理论研究室,关肇直任主任。从此,他就将自己的全部精力投入到现代控制理论的研究、传播中去。他从零开始,利用其数、理、天文等宽阔的知识面及外语优势,阅读大量文

169

献。然后,亲自主持讨论班,及时报告国外有关现代控制理论的最新成果,尽快使年轻同行走上研究轨道。许多新的研究成果都是在这个讨论班上孕育和发展起来的。弹性振动控制的研究就是一个突出的例子。关肇直和宋健在讨论班上提出了细长飞行器弹性振动的闭环控制模型,开创了分布参数系统控制理论的一类新的研究方向。1974 年他和合作者在《中国科学》上发表论文"弹性振动的镇定问题",以娴熟的泛函分析技巧,把弹性振动闭环控制模型写成抽象空间中的二阶发展方程,然后讨论相关的二次本征值问题。他应用线性算子紧扰动的方法,成功地得到了系统能控性的条件,并给出了系统能镇定的充分条件。在此之前,美国数学家 D. L. Russell 曾用别的方法讨论过与此类似的问题,但他自己认为他所得到的结果并不完全满意,增益系数的"增大应能改进系统的稳定性,但这样的整体性结果没有得到"。他甚至认为他所用的方法"带来了增益系数必须很小的缺陷……但很怀疑这里的定理所表达的结果的精确化能用任何别的技巧来得到"。关肇直正是用了算子紧扰动的方法,摆脱了增益系数要很小的限制,得到了更符合工程意义的合理结论,受到国际同行的高度评价。

关肇直在 20 世纪 60 年代就提出了结构阻尼振动模型,直到 20 世纪 80 年代国际上才开始重视这类模型的研究。关肇直不仅身体力行,成为一位站在现代控制理论研究前沿的战斗员,更是一位旗手和指挥员,为中国现代控制理论的发展掌舵导航。在"文革"十年中,研究工作受到很大的干扰和冲击,他领导的研究室仍然坚持开展工作。早在 1969 年,他就以"抓革命,促生产"为契机,提出"每周二、三为数学所业务时间",使科研工作得到部分恢复。他尽量使控制理论的研究与当时受冲击较小的军工及国防科研相结合,使研究室的工作得以继续和发展。这个时期的研究工作,包括卫星轨道定轨、惯性导航、细长飞行体制导等三项工作获 1978 年全国科学大会奖。这些工作使现代控制理论这一火种躲过了十年浩劫,得以在中国的土地上延续。

随着"四人帮"的垮台,科学的春天来临了。作为一个新兴而具有强烈需求的学科,现代控制理论在国内如火如荼地发展起来了。许多高校及科研机构迫切要求开展这方面的研究工作。这使控制理论研究室面临科研和传播、普及的双重任务。这段时期,研究室和许多高校和科研单位建立了合作关系。关肇直亲自带队,到上海、西安、遵义、内江、宜昌、天津、洛阳、沈阳等地的研究机构,了解实际问题,并举办关于现代控制理论的系列讲座。那时条件差,到了外地,他和其他同志住一个房间,为了第二天的报告,他总要在昏暗的灯光下工作到半夜。为了抓紧时间,在火车上、飞机上,甚至在公共汽车上,他都在看资料,想问题。当时资料缺乏,他亲自编写讲义,手刻油印。许多油印讲稿,当时都成了重要的参考文献。他的这些努力和工作带出了一批科研和工程技术骨干,使现代控制理论得到普及,并在许多工程中得到应用。关肇直曾自豪地说,"从二机部到七机部,我们都有合作项目"。1979 年,为了适应形势发展的需要,关肇直和吴文俊、许国志等一起,成立了中国科学院系统科学研究所,关肇直担任了第一任所长,直至病逝。从现代控制理论在中国初生、成长,到 80 年代初的扬帆起航,关肇直是当之无愧的舵手。他的名字将永远同中国的系统与控制事业融为一体。

171

　　关肇直关心青年,爱护青年,是青年人的良师益友。在他身边工作过的同志,都深深地被他那种平易近人和诲人不倦的精神所感动。控制室初创时,许多年轻同志对控制理论一无所知。关肇直花大量时间阅读国外文献,将自己消化了的东西一次次在室里报告,组织讨论,并详细解答大家的问题。"文革"刚过,他发现室里一位年轻同志做了一项有意义的工作,为了让文章能用英文发表,他亲自动手,将全文翻成英文。后来,室里许多人开始能用英文写文章了,但每篇文章从英文到内容他都要帮助修改。虽然,许多年轻人的文章里没有他的名字,但都包含着他的心血和默默奉献。厦门大学李文清教授曾提到这样一件往事:"1958 年关先生邀请波兰学者奥尔利奇到京讲学,内容是线性泛函分析,用德文讲的,关先生进行口译。为了出版此书,关先生叫我帮他翻译一部分。当此书中译本出版时,关先生没有提他是主译者,只写了我的名字"。关肇直就是这样淡泊名利、提携后学。

　　关肇直为人正直。"文革"期间他愤怒抨击"四人帮"所推行的那一套反科学的政策,他坚信科学是人类智慧的结晶,应当用于造福人类。当时有人借口反对"知识私有",反对科学家个人署名的文章发表。对此,他公开表示反对。他说:"如果科学家不把他们的新发现新成果公布出来,而是留在自己抽屉里,或干脆留在脑子里,最后和他的躯体一起从这个世界消失,那对社会对国家有什么益处呢? 科学又怎么发展呢? 这才是真正应当反对的知识私有"。公开宣传这些显而易见的道理,在那个疯狂的年代,甚至可能招来杀身之祸。

在关肇直丰富的哲学思想中有一个突出的闪光点,就是他对理论与实践的辩证关系的深刻认识。他强调理论联系实际,并身体力行,将数学和控制理论等科学知识应用于解决国家急需的国民经济及国防工业中的问题。他同时指出,正因为要解决实际问题才更需要加强理论研究。他说过"没有理论,拿什么联系实际?"

1957 年夏天以后, 当时极"左"压力很大。关肇直顶住压力,到北大讲授泛函分析,给学生鼓了气。由于他的威望,使学生敢于理直气壮地去钻研理论。

陈景润完成他关于哥德巴赫猜想"1+2"的证明时,已是"文化大革命"前夕。关肇直顶住当时的极"左"思潮,坚决支持这项工作的发表。他说"这也是一项世界冠军,同乒乓球世界冠军一样重要"。2006 年,吴文俊回忆当年的情景时说,有一天,关肇直到他家找他,商议陈景润"1+2"工作的发表问题。他当时正担任《科学记录》的编辑,负责处理数学方面的稿件。关肇直希望把简报发表在《科学记录》上,但由于数学研究所内有不同意见,所以来找他商议。他马上赞成了关肇直的意见。很快,简报就发表在1966 年 5 月 15 日出版的《科学记录》上,赶上了"文革"前的最后班车。

即使在"左"倾思潮泛滥的"文革"期间,他还坚持说"除国防与经济建设任务外,基础理论研究也要搞"。

有人一讲纯粹数学就把应用数学贬得一钱不值,一强调应用时,又什么数学理论都不要了,甚至连建立数学模型都反对。关肇直不同意这种观点,他始终坚持要建模,要在应用数学中使用严格的数学方法。

1978 年的全国科学大会标志着科学春天的到来,接着召开科学规划会。当时有些人片面强调理论研究,而把搞应用和"左"联系起来。针对这一情况,关肇直和冯康、程民德等一起提出"理论要抓,应用也要抓"。

关肇直把纯粹数学与应用数学看作一个整体。他形象地解释说,这有如经纬交织,相辅相成,偏废哪一方面都是错误的。是他,把正了理论与应用之舵。

关肇直常说,他首先是一名共产党员,然后才是一个科学家。他把自己的一腔热血倾注于祖国的建设事业,梦寐以求的是祖国科学事业的发展。然而,作为一个学者和一个天分极高的数学家,他是带着许多遗憾离开这个世界的。他曾经是 Frechet 最好的学生之一,却放弃博士学位提前回国。后来,他私下曾提到,"也许当时应念完学位再回来"。他首次提出"单调算子"的思想,却没有时间继续深入下去。在病榻上,他说,"如果不是为了其他工作的需要,我会对单调算子做更多的工作"。在"复杂系统的辨识与控制提纲"一文中,他提到了 Prigogine 有关非平衡态热力学的工作以及 Thom 的突变理论,在他看来这是系统科学的主要内容。这与钱学森的观点不谋而合。1982 年,当他病情已相当恶化时,他还表示,要等身体恢复健康后,着意致力这方面的研究。可惜这项也许会是他一生最重要的工作,刚刚开始,即宣告结束。出师未捷身先死,长使英雄泪满襟。

那是一个动荡和巨变的时代,不平凡的历史总会铸就许多杰出人物。关肇直就是其中的一个,一位带着深深的时代烙印的学者。他既是一位优秀的科学家,又是一位爱国者和一个忠诚的共产主义战士。他的一生是时代的见证。曾经教过他数学的剑桥大学 Ralph Lapwood 教授评价说:"他是一个最聪明的学生"(Guan Zhao-Chi was the most brilliant of them all),"他对数学科学与中国科学发展做出了巨大贡献"(He achieved a great contribution to mathematical knowledge and to China's scientific progress),"他是一个真正的爱国者,用自己的行动表达了他对自己祖国的爱"(He was a true patriot who demonstrated his love of his country by action)。

关肇直一生致力于数学、控制科学和系统科学的研究和发展,从 60 年代开始,为了军工和航天等事业的发展,他投入到现代控制理论的研究、推广和应用工作,在人造卫星测轨、导弹制导、潜艇控制等项目中做出一系列重要贡献。

173

3.4 "中国'过程控制'学科创始人"方崇智

方崇智(1919—2012 年),出生于安徽省安庆市,历任清华大学汽轮机及自动化教研室主任;热工量测及自动控制教研室主任;工业仪表及自动化教研室主任;清华大学自动控制学会理事长,"过程控制"学科的创始者,如图 3.4 所示。

图 3.4 方崇智

方崇智,著名过程控制专家及自动控制工程学家。长期致力于自动控制理论、过程控制系统的科研和教学,创建了我国最早的过程控制专业,建立了过程控制的教学、科研体系,取得许多重要科研成果。他作为自动控制理论及应用专业博士导师,培养了大批高级专门人才,为我国自动控制学界和过程控制事业的发展做出了突出贡献。

174

方崇智教授,1919 年 11 月 25 日出生于安徽省安庆市,自幼苦读诗书,记忆力超人,15 岁考入江苏省立扬州中学高中部普通科(1934—1937 年),毕业后考取交通大学和中央大学的机械系。由于当年抗日战争爆发,一年后才历尽艰辛,辗转到重庆中央大学攻读机械工程,1942 年毕业,获工学士学位(1938—1942 年)。毕业后在昆明中央机械制造厂任技术员。三年(1942—1945 年)的工厂工作实践,为终身工作打下了良好的基础,牢固树立起理论联系实际的作风。1945 年考取公费留学英国,先在英国著名的机床制造公司 NewallEng-g.Co 和曼彻斯特大学学习,翌年转入伦敦大学玛丽皇后学院攻读博士学位,在传热学方面取得突出研究成果,获得英国科学技术研究部(DSIR)研究基金的资助。

在英国留学的四年,是方崇智完善知识的重要时期,面对一流的科学技术、丰富的图书资料,他如饥似渴地涉猎了大量书籍。他经常利用假期到英国许多公司考察、实践,凭借赴英之前在昆明中央机器厂的工作经验,自己动手制造实验设备,出色地完成了(The Mechanism of Dropwise

Condensation)博士学位论文,1949 年获哲学博士学位(1945—1949 年)。

在英期间,受英国学者的熏陶,他形成了严谨的科学作风、实干的工作精神和专心育人的师德。回国之后,始终以这些精神对待自己的工作,教育自己的学生。在他学成之时,正值中华人民共和国成立前夕。在这人生的十字路口,他得到了当时在伦敦的我国进步青年组织的帮助,先赴香港,转道天津,于 1949 年 9 月来到了北京,应邀受聘北京大学工学院机械系副教授。1952 年全国院系调整,调到清华大学动力机械系任副教授。1956年,开始为培养研究生辛勤耕耘。1962 年晋升为教授。1981 年我国恢复学衔制度后,他被评为首批博士导师,成为清华大学自动控制理论及应用学科的学术带头人。他历任清华大学汽轮机及自动化教研室主任;热工量测及自动控制教研室主任;工业仪表及自动化教研室主任;清华大学自动控制学会理事长,名誉理事长;中国机械工程学会理事;《自动化学报》编委、顾问;高等工业学校热工仪表及自动化专业教材编审组副组长;高等工业学校仪器仪表类专业教材编审委员会副主任委员。为我国科学教育事业的发展做出了积极贡献。

175

几十年来,方崇智为创立过程控制学科呕心沥血。20 世纪 50 年代,在我国高等学校,过程控制还是一个缺门。1955 年经苏联专家建议,清华大学设立了"热能动力装置专业自动化专门化"课程,当时方崇智教授在汽轮机教学和科研实践中,已发现自动控制是推动电力工业发展的重要因素,于是毅然担负起电站自动化专门化的教学任务,这就是清华 1960 年成立的热工量测及自动控制专业的前身,它实际上也是我国过程控制专业的第一个雏形。1957 年 2 月,他为"自动化"专门化的学生讲授"自动调节系统及计算",随同听课的还有来自兄弟院校的教师和设计院的技术人员。1958 年,他为全国第一期自动化进修班讲授"发电厂锅炉设备的自动调节",还开出了"自动调节原理""热工过程自动控制系统"等多门课程,为国内许多高等院校培养了一批从事过程控制科研和教学的骨干。

20 世纪 70 年代末期,方崇智又及时地将以状态空间描述为基础的现代控制理论移植到过程控制中,为了提升师资水平,专为教师开设了"现代控制理论"课,他积极开展有关系统结构、建模方法、多变量系统设计、过程计算机控制等科学研究,同时提倡研究非线性控制、鲁棒控制、适应性控制、预测控制、容错控制、模糊控制、基于专家系统的控制、基于模式识别的智能控制以及过程故障检测与诊断的研究,不断拓宽了过程控制的研究领域。至 20 世纪 80 年代,以现代控制理论为基础的高等过程控制学科也就逐步形成了。1987 年方崇智又将 CIMS(Computer Integrated Manufacture System)的概念移植到过程控制学科的发展中,提出我国也应在连续生产过程中进行计算机集成制造系统的研究,形成一个能适应生产环境不确定性和市场需求多变性达到总体最优的高质量、高效益、高柔性的智能生产系统。

自 20 世纪 50 年代以来,方崇智亲自领导和主持过多项科研工作,如直流锅炉的动态特性研究、电站自动化系统、化肥生产过程最优控制、煤气四遥系统(即遥测、遥信、遥控和遥调)、建模理论和方法、快速辨识算法、加热炉自动控制系统、故障诊断理论与方法、芳烃联合装置计算机监控系统、精馏塔优化控制、长输管线的查堵检漏、预测控制等,其中芳烃联合装置计算机监控系统获石化总公司"科技进步"二等奖。

方崇智挑起了"自动控制理论及应用"学科学术带头人的重任。该学科覆盖以下 5 个专业方向:控制理论、控制工程、工业过程计算机控制与管理、计算机集成制造系统及控制系统仿真,设有硕士生、博士生培养点和博士后流动站,于 1988 年被评为全国高等学校重点学科。他为该学科发展方向、制定该学科发展规划、培养学术梯队倾注了大量心血,使该学科的学术水平在国内始终处于领先地位,仅"七五"期间就获国家奖 4 项、部委级奖 12 项、经鉴定达到国际水平的 13 项、年经济效益超过百万元的 8 项、专利 4 项、发表论文 366 篇、出版教材专著 23 本,1991 年 1 月他所指导的一名博士生还获得全国"做出突出贡献的中国博士学位获得者"荣誉称号。

从 20 世纪 40 年代末开始,方崇智已在教育战线兢兢业业工作了 40 多个春秋,可谓桃李满天下,不愧为受人尊敬的师长、辛勤耕耘的园丁。

3.5 "中国分析仪器行业的主要创始人"朱良漪

朱良漪(1920—2008 年),仪器仪表工程技术专家,我国仪器仪表事业的创始人之一,分析仪器行业的主要创始人和学术带头人,如图 3.5 所示。20 世纪 60 年代主持完成了我国第一台大型同位素质谱计和气相色谱仪。

图 3.5　朱良漪

朱良漪先生是我国仪表工业自动化控制系统和工业工程的开拓者和奠基人之一。他理论联系实际,勇于实践,身体力行。他以十六年的时间从平地开始筹建与指导设计了原苏联承诺援建的中国规模最大的分析仪器厂——北京分析仪器厂。在专家来华不足十个月就撤走后,承担起全面的技术负责人的职责。他在极其困难的条件下提出"边基建、边试制培训和边生产"的建厂方针,亲自领导新产品的研制。他组织了当时国内有可能借助的力量,使厂内厂外相结合,在短短五年内,不但工厂建成并投产,还完成了我国第一台大型同位素分析质谱计(国家仪表新产品一等奖)、气相色谱仪(国家仪表新产品二等奖)、核磁共振波谱仪、红外气体分析仪、磁性氧量计(国家仪表新产品四等奖)、热导式分析仪等六大系列十多种规格的产品,为我国核技术和石油化工、冶金、电力等工业提供了新一代的科研分析装备,从而奠定了发展我国现代化分析仪器的基础并填补了空白。在新产品开发上,他不拘一格,勇于创新,善于把掌握分析机理与关键部件攻关相结合。通过特殊工艺攻关推动技术进步并改进工厂的工艺装备,同时培养出一大批有理论、有实践经验的专业技术梯队。在他领导并直接参与下,研制我国第一台同位素分析质谱计的全过程就是一个不断攻关、不断突破技术难题而最终成功的过程。他率领了数十名青年科技人员和不少青年工匠,陆续攻破精密机械加工、特种焊接与封接、真空获得、测量与检漏技术、微弱电、磁参数测量技术、高

177

稳定度供电系统、电子光学与离子光学技术以及同位素分析应用技术,这些基础技术的突破,朱良漪为我国发展质谱仪器以及其他分析仪器,打下了良好的基础,做出了突出的贡献。

早在 1963 年,朱良漪就率先提出成分和结构是物质的第一性参量,寻求其最佳的物理、化学检测方法,建立分析仪器设计的理论依据;明确提出分析技术仪表化和分析仪器自动化的论点以及联用技术、流程控制的发展方向。阐述了全分离/高灵敏度检测/电子计算机相结合的分析仪器新模式,对我国分析仪器的发展起到重要的导向作用。1978 年,他首先倡导开展系统、系统思维和系统工程学的研究,提出从信息论角度建立新的仪器仪表学和从系统工程学角度发展实验工程学的观点,有机地将近代科学理论与传统的工程技术结合起来。

1960 年,朱良漪领导、组织并直接参与了我国第一台大型同位素质谱计的研制和攻关,为我国核能工程及时地提供了检测手段,这一成果获国家科委仪表新产品一等奖。作为技术负责人,他参与组建北京分析仪器厂,组织领导了新产品开发、工艺攻关和生产、技术管理的全面工作,为该厂的质谱、色谱、波谱等六大系列产品和相应的工艺手段打下了良好的基础。1978 年,他负责主持 30 万吨乙烯仪表及自控系统的工程翻板会战。1982 年,他又作为技术总负责人完成了引进大型 30 MW 火电机组的成套仪表与自控系统。在该两项大型系统工程中,他显示出卓越的组织才能,成绩显著。

作为专家,朱良漪参与制定了我国十二年科学技术规划、电子振兴计划和"八六三"规划等多项国家发展规划。他三次连任国家发明奖评审委员和自然科学基金委员会学科评审组成员,直接参与国家最高科技成果的评审。他是清华大学等六所高校的兼职教授,直接参与教学和人才培养。他发表了 50 多篇论文,并主持或参与完成多部专著。1994 年,接受瑞士苏黎世联邦技术学院(ETH Ztirich)和法国贝尔福经济发展研究所(adebt)的邀请,赴国外讲学。

1988 年朱良漪退休后,仍继续为我国分析仪器开发研究和工程发展做出积极贡献。他积极组织并参与"八五"国家科技攻关项目"离子色谱仪和毛细管电泳仪"的技术攻关,并亲自组织俞惟乐、沙逸仙、牟世芬等色谱专家和工程技术人员,在全塑泵的研制及许多关键技术的攻关中做出了贡献。他还负责"大型旋转机械状态监测与故障诊断系统"课题(国务院重大课题)的开发工作。多年来,他积极参与组织许多全国性学术组织并担任重要领导职务,是中国仪器仪表学会和中国自动化学会的发起人之一。他曾担任中国质谱学会副理事长,并连续四届当选分析仪器学会理事长和《分析仪器》杂志主编,为振兴我国分析仪器工业、促进国内外的学术交流和技术合作做了大量工作。

朱良漪先生经历坎坷,但他始终不渝地拼搏和开拓。他治学严谨、学识渊博、思路开阔,对新事物敏感且勇于实践,具有卓越的组织才能和很高的凝聚力,对我国仪器仪表和自动化工业贡献卓著。朱良漪先生是我国仪器仪表战线上的一位先行者和指挥员,也是一位循循善诱和慈祥的长者。让我们记住朱先生的教诲,循着他所开创的道路,为中国分析仪器行业的振兴、为国产分析仪器的春天尽力工作。

3.6　"中国自动检测学的奠基人"杨嘉墀

杨嘉墀(1919—2006 年),江苏吴江人,空间自动控制学家。航天技术和自动控制专家,仪器仪表与自动化专家,自动检测学的奠基者。中国自动化学科、中国自动化学会和中国仪器仪表学会的创建人之一,如图3.6 所示。

1919 年 7 月 16 日,杨嘉墀出生于江苏省吴江县震泽镇——江南五大桑蚕镇之一。

图 3.6　杨嘉墀

祖父杨晓帆经营蚕丝出口。1930 年杨嘉墀随其父母迁居上海,于 1932 年考入江苏省立上海中学,选读工科。1937 年,他以优异的成绩考入上海交通大学电机工程系。在上海交通大学四年,正值抗日战争,因此他的学习生活是在外国租界里度过的。从上海交大毕业后,他和几位同学一起去西南大后方工作。经过长途跋涉来到昆明,他应聘到西南联大电机系担任助教。在任教期间,他一边工作一边学习,有了更为扎实的理论基础。1945年,他参加公费出国学习的统考,后被录取,但因当时正值第二次世界大战的最后决战阶段,直到 1947 年,他才到美国,进入哈佛大学工程科学与应用物理系学习,于 1949 年获博士学位。在美国留学期间,杨嘉墀发奋学习、刻苦钻研,除了在哈佛大学读研究生课程外,还修读了该校物理系和麻省理工学院电机工程系的课程以及该系有关学科的课程,大大扩展了知识面,锻炼了实际工作能力和创造能力。1950 年至 1956 年,他先后被聘为宾夕法尼亚大学副研究员和洛克菲勒研究所(现为洛克菲勒大学)高级工程师。

1956 年杨嘉墀响应中华人民共和国的号召,率领全家毅然回到了祖国。当时正赶上国家制定十二年科学技术发展规划,并提出了落实规划的"四项紧急措施",就是指最紧急要抓的四个领域或四个方面:电子学,半导体,自动化,计算机。当时,国家对落实"四项紧急措施"很重视,集中了全国可以集中的科学力量,包括一部分刚从国外回来的人。杨嘉墀是作为归国专家、学者参与了筹建中国科学院自动化所、自动化技术工具研究所的工作,并担任室主任,与其他一些相应的研究机构一道,率先开展了火箭探空特殊仪表等方面的研究工作。

1957 年 10 月和 1958 年 1 月,苏、美分别发射的人造地球卫星相继上天之后。1958 年 5 月 1 日,毛主席在中国共产党八大二次会议上发出了"我们也要搞人造卫星"的号召。中国科学院考虑到开展研制和发射人造地球卫星工作对未来科学技术发展的重大影响,提出了把开展研制和发射人造地球卫星列为中国科学院 1958 年第一项工作的重大任务。于是,在1958 年 7 月至 8 月,中国科学院成立了"581"组,专门研究卫星问题。组长是钱学森,副组长是赵九章,成员有院内外十多位专家,杨嘉墀参加了这个组。为了向国庆献礼,"581"组在两个月内完成了两种火箭箭头的模型,并在中关村搞展览,毛主席等党和国家领导人都来参观,影响很大。

到了 20 世纪 60 年代,国家度过了经济困难时期,发射卫星的计划重新启动。1965 年中央专门委员会第十二次会议批准了国防科委关于制定人造地球卫星发展规划的报告。中国科学院于 5 月、6 月组织召开了一系列规划论证会议,7 月 1 日上报了关于发展我国人在地球卫星的规划方案建议,杨嘉墀当时参加了北京和外地研究人员组成的规划组的工作。规划中建议我国 10 年内着重发展应用卫星系列。中央专门委员会第十三次会议原则上批准了中国科学院起草的规划方案建议,并决定第一颗人造地球卫星争取在 1970 年左右发射,中国科学院为了落实上述指示,1965 年 8 月 17 日确定了有关组织及领导。

经过几个月的工作,设计组提出了我国第一颗人造卫星的总体设计方案。1965 年 10 月 20 日,由中国科学院主持召开了全国性的方案论证会,这个被称"651"的会议在老的科学会堂共开了 42 次,这也是一个创纪录的长会议,对设计卫星的大总体和卫星本体的多个问题都做了深入而广泛的探讨。

1967 年,杨嘉墀参加了中国科学院"关于发展我国人造地球卫星工作的规划方案"的论证工作,并参与了最后文件的起草工作。在中央专门委员会原则批准后,杨嘉墀作为总体组的成员参与了我国第一颗人造地球卫星"东方红 1 号"的总体方案论证。

1966 年,为适应我国航天事业的需要,杨嘉墀受命负责领导并参与我国第一颗返回式卫星姿态控制系统的研制工作。

在控制系统的设计中,杨嘉墀及其同事提出了很多颇具特色的设计方案,有些方案是当时国外同类卫星所未有的。例如:在红外地平仪电路中采用自动增益控制,只经过一次探空火箭实验就验证了这一方案的可行性。为了验证卫星控制系统设计方案的正确性,杨嘉墀参与了一系列的仿真试验。他们利用伪随机码作为噪声,对测量系统进行了实验验证。他们利用三轴机械转台对姿态控制系统的初样产品进行了半物理仿真试验,还利用单轴气浮台进行了全物理仿真试验。通过这些试验,他们发现一些工程实际问题,验证了控制系统的正确性和可靠性。

1975 年 11 月,杨嘉墀参与了我国人造地球卫星试验队,在渭南测控中心监视卫星的运行情况。他和试验队的同志们一起昼夜密切注视卫星在第一天运行期间姿态控制系统的工作情况。他根据遥测数据,正确判断了卫星能按计划运行 3 天,为试验队领导的决策提供了科学依据,使我国第一颗返回式卫星能按预定时间返回地面。

飞行试验成功后,杨嘉墀指导了遥测数据的处理工作,从而使我国第一批返回式卫星不但保持了 100% 的回归成功率,而且还在控制方法和系统性能上有所提高。

我国第一颗返回式卫星于 1978 年获全国科学大会科研成果奖,于 1985 年获国家科学技术进步特等奖。

从 1980 年起,杨嘉墀重新开始招收研究生,并开始招收以航天控制为背景的自动控制理论与应用专业的硕士生和博士生。他为研究生所选的课题大多数是结合实际的理论研究。此后十余年,他共培养 5 名博士和 6 名硕士,为培养我国自动化控制高级科研人才做出了贡献。

1963 年初,国防科委向中国科学院自动化研究院下达研制核爆炸试验用测试仪器的任务(即"12 号任务"),内容包括火球温度测量仪、冲击波压力测量仪和现场地面振动测量仪等,杨嘉墀负责抓总技术工作。

1963 年 1 月,国防科委领导向有关部门传达了毛主席,党中央关于要进行我国首次核试验的决定,并要求参与人员在 1964 年 6 月以前完成各项准备工作。

当时,杨嘉墀已担任了中国科学院自动化研究所的副所长,在核弹试验用测试仪器研制工作中,自动化所具有具体承担着三项任务。其中一个是火球温度和亮度测量仪器,由廖炯生和肖功弼负责。大家知道,原子弹爆炸时有一个很亮的大火球,他们研制的仪器就是判断、测量爆炸时原子弹产生的能量,因为爆炸时的亮度范围很宽,光闪得又很快,国内没有这样的测量仪器和设备,他们就在已有的工作基础上,与北京师范大学天文系合作,利用太阳光的能量做实验。

杨嘉墀等接受任务后,国防科委领导一再向他们强调,准确地测定火球温度,对确定核爆当量及光辐射破坏效应有着决定性意义,这更增强了这些中国科学家的责任感。为了确保任务的完成,所里有关的科研人员积极参加课题组的方案讨论和技术攻关工作,还请来所外的有关专家共同确定方案。在研制工作的关键阶段,中国科学院裴丽生副院长每月要听一次他们的工作汇报,并当场指定有关部门帮助解决工作中的困难。强烈的责任感和事业心促使他们夜以继日地工作,大家积极性都很高,也没有任何怨言,平日里没有休息,没有节假日。1964 年春节也只休息了一天,大年初二大家便来到所里工作。因为杨嘉墀和所里的科技人员都很清楚,他们担负的使命关系到一个国家国防科学事业的发展。

1964 年 4 月,仪器研制工作已经完成,为了实际检验仪器的精度,杨嘉墀通过国家科委到国家计量局借到了从苏联引进的、国内唯一的量程达 10 000 K 温度基准的计量仪器。用我国研制的仪器和借来的温度基准同时测量太阳的温度,误差在正负 15 摄氏度之间,这个差值是在温度基准的误差范围以内的,动态反应时间小于 1 毫秒。

杨嘉墀深入研究,充分论证,提出了采用反馈式光电倍增管线路的大量程温度设计方案和采用变磁阻式压力传感器的设计方案。不久,这个设计方案被批准确定。经过奋发努力,全力拼搏,1964 年 3 月,他们完成该项研制任务,为 1964 年 10 月我国第一次原子弹试验及 1965 年和 1966 年的两次原子弹试验的顺利进行做出了重要的贡献。

1964 年 5 月,经国防科委组织专家验收,仪器的各项指标均已达到或超过任务要求,顺利地通过了验收。

1964 年 6 月,两位同志将杨嘉墀等研制好的两台仪器安全护送到核试验场。参加测试仪器研制工作的科研人员在西北的试验场艰苦地生活了近半年。直到 1964 年 10 月 16 日下午 3 时成功地进行了我国首次核试验,这一任务才算告一段落。

当听到第一次核试验圆满成功的消息时,当杨嘉墀等研制的两台仪器都成功地测得火球的温度时,杨嘉墀流出了喜悦的泪水,他为过去一切艰苦的努力换来的成功感到欣慰,更对未来的科学事业充满信心。

1965 年至 1968 年间,杨嘉墀领导的测量组又完成了火球光电光谱仪及地下核试验火球超高温测量仪的研制工作,并成功地应用于我国首枚氢弹试验和首次地下核试验。

1968 年,"原子弹和氢弹的突破与武器化"的科研成果荣获国家科技进步特等奖。中国科学院自动化所承担的"核爆炸试验检测技术及设备"作为分项目也同时获奖,这是国家给予的荣誉。这些成果再次说明,中国人民完全可以依靠自己的力量发展尖端技术,中国科学家具有不容低估的科研开发实力。

杨嘉墀回国的那一年,我国制定了 12 年科学发展规划。规划中,将电子学、自动化、计算技术和半导体等新兴学科列为重点发展项目。杨嘉墀正在担任中国科学院自动化研究所研究员、副所长期间,组建了自动化工具研究室和若干针对国防研制任务的研究室。不久,他结合在中国科学技术大学自动化系任教授的教学工作,创建了自动化学科及自动检测分支学科。1957 年,他参与了中国自动化学会的筹建工作,担任了中国自动化学会常务理事、副理事长和理事长。同年 9 月,他参加了国际自动控制联合会(IFAC)的成立大会,中国自动化学会成为该国际组织的 18 个发起国之一。杨嘉墀曾被选为该组织的元件专业委员会委员和空间控制专业委员会副主席。他积极参与有关自动化和自动检测方面的国际学术活动,组织代表团去一些国家访问,进行学术交流,并多次为中国自动化学会组织在我国举行国际会议,为我国自动化科学技术的发展提供了重要参考信息。他参与创办我国自动化学术刊物《自动化学报》,并先后担任副主编、主编。在他的积极努力下,《自动化学报》出版了英文版,由 Allerton 出版公司负责在国外出版发行。

1979 年,杨嘉墀参与组织创建了中国仪器仪表学会,他连续担任第一至第四届理事会的副理事长。他曾多次率领我国科技代表团去美国、英国及日本等国家访问,进行学术交流,与很多国家的自动化学会、测量与控制学会建立了合作关系,有力地促进了自动化学科、自动检测分支学科及仪器仪表技术的发展。

杨嘉墀结合研制项目,深入地进行了科学技术的理论研究工作,撰写并发表了很多重要学术论文,如《中国近地轨道卫星三轴稳定姿态控制系统》《返回型对地定向观测卫星姿态控制系统及飞行实验结果》《仪器仪表和系统》《中国空间技术的二次开发与应用》等,都极有学术价值。他还担任了《中国大百科全书》自动控制与系统工程卷的副主编,该书已由中国大百科全书出版社出版。

1983 年,杨嘉墀倡导并组织了全国 15 个高等院校和科研单位合作,开展了控制系统计算机辅助设计工作。1986 年,中国控制系统计算机辅助设计工程化软件系统被国家列为重大科研项目,所取得的成果达到了当时国际先进水平。

1973 年 4 月,根据周恩来总理的指示,中国科学院组织了一个中国科学技术代表团访问日本,杨嘉墀担任团长。他率领代表团在日本参观访问了有关集成电路、电子计算机、工业自动化的工厂和高等院校。归国后,他向有关部门提出了发展我国高新技术,促进我国现代化建设的建议。1985 年,他又先后两次出国考察,美国的战略防御计划和欧洲的"尤里卡"计划使他深受震动。在著名科学家王大珩的倡议下,杨嘉墀与陈芳允、王大珩等几名著名科学家一起在 1986 年初联名致信党中央,呼吁我国经济建设不仅要着眼近期效益,而且要为我国在 20 世纪末至 21 世纪初的四化建设打好基础,并提出了"要抓住当前世界新技术革命的时机,瞄准高技术的发展前沿,积极跟踪高技术"的指导思想。他们的信受到了党中央的高度重视,1986 年 3 月,邓小平做了重要指示,随后国务院主持制定了《我国高技术研究发展纲要》,即"863"计划。这一纲要描绘了我国 7 个高技术领域在 20 世纪内的发展蓝图。近几年来,杨嘉墀努力探索我国高技术产业化的道路,促进科研成果转化为生产力。他为我国高技术的发展做出了重大贡献。

杨嘉墀说:回顾历史是为了不要忘记过去,回顾历史更是为了创造未来。对于当年参加"两弹一星"研制工作的科学家们、团结协作,为发展我国高科技事业而拼搏的精神,不仅我们不能忘记,子子孙孙也不能忘记,而且还应成为今天激励青少年努力建设社会主义现代化强国的动力。

185

3.7 "中国光学界公认的学术奠基人"王大珩

王大珩(1915—2011 年)，汉族，生于日本东京，原籍江苏省吴县(今苏州市)。"两弹一星功勋奖章"获得者，中国科协副主席、中国科学院院士、中国工程院院士，国际宇航科学院院士，著名光学家，中国近代光学工程的重要学术奠基人、开拓者和组织领导者，杰出的战略科学家、教育家，被誉为"中国光学之父"，如图3.7 所示。

图 3.7　王大珩

王大珩教授 1936 年毕业于清华大学物理系，1938 年考取留英公费生，赴英国伦敦帝国理工学院攻读应用光学，1941 年转入雪菲尔大学，在世界著名玻璃学家 W.E,S.特纳(Turner)教授指导下进行有关光学玻璃的研究。1942 年受聘于伯明翰昌司(Chance)玻璃公司，专攻光学玻璃研究，直至 1948 年回国。

王大珩教授在英国学习期间，最早发表的一篇关于光学设计的论文，论述了光学系统中各级球像差对最佳像点位置和质量的影响，创造性地提出用优化理论导致以低级球差平衡残余高级球差并适当高焦的论点。该文所阐述的一些思想，至今仍是大孔径小像差光学系统(如显微物镜)设计中像差校正和质量评价的重要依据，多次被国内外有关著作引用。

王大珩教授在英国学习和工作时，正值第二次世界大战期间，光学仪器在战争中的应用，受到交战各国的重视。王大珩教授所在的昌司玻璃公司，是世界上最早从事光学玻璃生产的厂家之一，他在此所做出的许多研究结果都没有公开发表。他是英国最早研究稀土光学玻璃的人之一，曾获得过专利,他发展了 V-棱镜精密折射率测定装置,并在英国制成商品仪器,他因此成就获英国科学仪器协会第一届青年仪器发展奖。后来他在国内把 V-棱镜折光仪进一步研制推广,至今仍是许多光学玻璃实验室和工厂的基本测量仪器。

1948 年王大珩教授回国,先到上海,后辗转由香港经朝鲜到了刚解放不久的大连,参加创建大连大学并主持创建应用物理系,任主任。

1951 年中国科学院邀聘王大珩教授到北京筹建仪器研制机构。1952 年中国科学院仪器馆在长春成立,他被任命为馆长。后改名为长春光机所,他被任命为所长。该所在他的领导下,成为我国应用光学研究和光学仪器制造的重要基地,为国家培养了大量光学科技骨干。

光学玻璃是仪器馆成立初期的重要科研成果。在研制我国第一批光学玻璃的过程中,王大珩教授运用他在英国工作的经验,在玻璃配方、退火工艺及测试技术等方面做出了重要贡献。1958 年,长春光机所已研制出当时属于高精光学仪器的“八大件”而闻名全国科技界,对推动我国仪器工业的发展起到了积极作用,为 1961 年我国第一台激光器的诞生做出了重要贡献。

从 20 世纪 60 年代开始,王大珩教授和他领导的长春光机所转向以国防光学技术及工程研究为主攻方向。先后在红外微光夜视、核爆与靶场光测设备、高空与空间侦察摄影、空间光学测试等诸多领域做出了重要贡献。他参加了我国第一次核爆试验,指导改装了高速摄影机用于火球发光动态观测。为了建立国防光学工程的学科基础,他最早在国内领导大气光学和目标光学的研究;他在太阳模拟器和空间侦察相机的研制中提出了先进的技术方案;他在靶场光测设备中,领导了多种型号的研制工作。

20 世纪 60 年代初,为适应国防工程的要求,国家提出研制大型精密光学跟踪电影经纬仪的任务。在王大珩教授的号召和指导下,经过 5 年的不懈努力,终于研制出超过原设计指标的我国第一台大型光测设备,开创了我国独立自主地从事光学工程研制和小批量生产的历史。

1980 年 5 月,我国向南太平洋发射远程运载火箭。长春光机所研制的电影经纬仪和船体变形测量系统两项光学工程,出色地完成了火箭再入段的跟踪测量任务,独立解决了当今世界远洋航天测量的平稳跟踪、定位、标定、校正和抗干扰等技术难题。王大珩教授在测量船的光学测量布局和船体摇摆及挠曲与实时修正方面均有重要创造。

1979 年,王大珩教授由于在我国国防光学科研中所做的贡献,荣获"全国劳动模范"称号。1985 年,"现代国防试验中的动态光学观测及测量技术"项目获国家科技进步特等奖,王大珩教授是首席获奖者。

在发展空间技术方面,1965 年王大珩教授参加了我国第一颗人造地球卫星——东方红的方案探讨。1975 年,由中国科学院和国防科工委联合组织,王大珩教授主持编制了我国第一个遥感科学规划,推动了我国遥感工作的迅速发展。1983 年,王大珩教授从长春调到北京中国科学院工作,兼任中国科学院空间中心主任。1986 年他被选为国际宇航科学院院士。

1988 年春,以美国为首发起成立国际空间年评议会,并决定以 1992 年为国际空间活动年。美方邀请我国参加并作为发起国。王大珩教授受命于国家科委宋健主任代表我国出席,我国为此成立了国际空间年中国筹委会,由宋健任名誉主任,王大珩教授为主任委员。王大珩教授不遗余力地联系国内有关利用空间技术的部门联合作战,建立了强激光联合实验室。1989 年初基于国际上激光核聚变研究的新进展,他又与王淦昌等几位核专家向国家提出"开展我国激光核聚变研究的建议",经批准后并做出相应的规划。

30 年来,王大珩教授领导并通过各种学术活动,对我国激光技术的发展起了重要作用。1980 年在我国召开了第一次国际激光会议,王大珩教授任中方主席。他著文论述了我国激光技术的进展,并担任会议论文集的主编。1985 年和 1987 年又相继在《光学学报》和我国第三次国际激光会议上,做了"我国激光科技新进展"的报告,全力推进我国激光科技事业的进步。

多年来王大珩教授一直想建立我国的色度标准系统,直至 1989 年在他的积极倡导下,成立了颜色标准委员会,由他任主任委员,经过 4 年多的努力,终于制成了我国国家级的颜色标准样册。

王大珩教授还是我国计量科学研究的开拓者之一。1956 年国家制定十二年科技发展远景规划时,王大珩教授是发展国家计量科研项目的主要编写者。国家计量局初建,他被聘为技术顾问直至现在。他在长春仪器馆时,指导开设了光度、温度、长度、电学等计量基准研究课题,成为计量院有关工作的基础。1977 年,我国参加国际米制公约组织,王大珩教授作为中国代表,每年参加国际计量大会和计量委员会。在 1979 年的大会上,他当选为国际计量委员会委员,并连任三届,至 1992 年退休。1978 年中国计量测试学会成立,他当选为副理事长,1983 年选为理事长,1989 年被推举为名誉理事长。

为了加强计量科学的基础研究,培养后继人才,以保持我国计量科学的国际地位,经王大珩教授倡议,联合计量科学研究院、北京大学物理系、电子科学系,成都测试研究院和航天总公司计量所等单位于 1994 年成立联合实验室。王大珩教授被推举为该室学术委员会主任。

王大珩教授特别关心国内光学专业人才的培养。中华人民共和国成立初期,他和龚祖同先生共同建议在大学设光学仪器专业。在他的推动下,1952 年最早在浙江大学成立了光学仪器系。1958 年,他又倡导创办了我国第一所光学专业高等院校,长春光学精密机械学院,他兼任院长。1978 年王大珩教授受中国科学院委托,筹办哈尔滨科学技术大学,并兼任校长。

王大珩教授在科研与教学工作中,十分重视青年科技人员思想的启发和独立工作能力的锻炼。曾经得到过他的指导和学术上受到过他教益的人,遍及全国。许多人成为当今光学界知名的学术带头人,有些人已是中国科学院或中国工程院院士。

王大珩教授在繁忙的工作中,仍不遗余力地指导博士研究生,为长春光机所和清华大学培养博士十余名。

王大珩教授是全国光学界公认的学术奠基人和组织领导者。1955 年

189

中国科学院组织学部时,他被选为第一批学部委员(院士),1956 年国家制订科技十二年发展规划,他是仪器仪表组的主笔。王大珩教授曾任国家科委仪表和光学专家组组长,主持规划的制定和实施。他倡导成立中国光学学会并任第一、二、三届理事长,创办了《光学学报》并任第一届主编。

20 世纪 80 年代,王大珩教授从长春调往北京,任中国科学院技术学部主任,此后还担任过中国科协副主席,北京市科协主席,中国仪器仪表学会第三届理事长,中国照明学会名誉理事长。在国内召开的历次激光会议、国际遥感会议、国际高速摄影和光子学等会议上,他都曾担任主席。王大珩教授的科技活动领域涵盖技术科学的许多方面,在国家科技决策等重要方面,他以自己渊博的知识和丰富的科学实验经验,发挥了重要的作用和影响。

王大珩教授特别关心我国仪器仪表科技事业的发展。曾几次联合仪表界及有关科学家,向中央提出加强仪器仪表科技发展的建议,这些建议都先后发挥了重要的作用。

王大珩教授在任中国科学院技术科学部主任期间,为了发挥学部对国家重大科技及经济问题的咨询作用,倡导学部主动地就国家重大问题提出咨询性建议,得到各学部的赞同和决策者的赞赏。这项活动开展以来,已成为科学院各学部的主要任务之一。

1986 年 3 月,王大珩等科学家鉴于美国战略防御倡议(SDI)和西欧"尤里卡计划"等高技术计划对世界各国引起的反应,他与王淦昌、陈芳允、杨嘉墀三位科学家联名向国家提出关于发展我国战略性高技术的建议并很快得到批准,此后发展成为"863"计划。这个计划选定生物、航天、信息、自动化、新材料、能源、激光七个高技术领域内,跟踪世界先进水平,通过不断创造和实践,缩小同发达国家的差距。"863"计划实施 30 年来,极大地推动了我国科技的发展。"863"计划对我国经济的发展和社会的进步有着深远的影响。1993 年 10 月中国高科技产业化研究会在北京成立,王大珩教授被选为第一届理事长。

1992 年 4 月在中国科学院学部大会上,王大珩教授和其他 5 位学部委员(院士)联名向中央建议成立中国工程院,与中国科学院处于同等学术地位。这一建议得到党中央和国务院批准,1994 年 6 月中国工程院正式成立,王大珩教授被选为第一批工程院院士。

王大珩教授曾当选为第三、四、五、六届全国人大代表和第三、七届全国政协委员。

1995 年初,王大珩院士荣获何梁何利首届大奖。

王大珩充分发挥自己的智慧和能力,在振兴祖国科学技术的宏伟事业中,走过了近六十年的奋进道路,并做出了卓越的贡献。

参考文献

［1］杨天宇. 周礼译注［M］. 上海：上海古籍出版社，2004.

［2］邓学忠，姚明万. 中国古代指南车和记里鼓车［J］. 北京：中国计量，2009（8）：54-56.

［3］王兵.《宋史·舆服志》研究［D］. 上海：上海师范大学，2013.

［4］史晓雷. 风扇车的年代疑案［J］. 百科知识，2012（15）：30-31.

［5］郦道元. 水经注校证［M］. 陈桥驿，校证. 北京：中华书局，2013.

［6］扬之水. 从"闸口盘车图"到"山溪水磨图"［J］. 文物天地，2002（12）：32-35.

［7］杨明扬. 水排和杜诗［J］. 中国水利，1992（6）：43.

［8］司马彪，刘昭. 后汉书：后汉书志［M］. 北京：中华书局，1965.

［9］武玉霞，朱涛. 张衡地动仪的失传［J］. 中国地震，2007，23（1）：93-103.

［10］唐耕耦. 唐代水车的使用与推广［J］. 文史哲，1978（4）：74-77.

［11］韵晓雁.龙骨车鸣水入塘，雨来犹可望丰穰［J］.农村·农业·农民a，2013（9）：57-58.

［12］杨小平.《三国志》校释札记［C］// 中国训诂学研究会 2010 年学术年会论文摘要集，2010.

［13］张国刚. 曹操奇袭乌巢［J］. 月读，2015（10）：45-47.

［14］陈寿，裴松之. 三国志：魏书［M］. 北京：中华书局，1982.

［15］杨庆兴. 新见《源延伯墓志》［J］. 中国书法，2016（11）：197-199.

［16］乾隆官修.清朝通典［M］.杭州:浙江古籍出版社,2000.

［17］曾公亮.武经总要［M］.台北:台湾商务印书馆,1969.

［18］张表臣.珊瑚钩诗话［M］.北京:中华书局,1985.

［19］王祯.农书［M］.北京:中华书局,1991.

［20］周昕.《耒耜经》校注［J］.中国农史,1986(1):133-146.

［21］贾思勰.齐民要术校释［M］.北京:农业出版社,1982.

［22］周去非.岭外代答［M］.上海:上海远东出版社,1996.

［23］周昕.古代美术作品中的水磨［J］.农业考古,2011(1):229-231.

［24］李茂肃.历代书信赏析［M］.山东:明天出版社,1989.

［25］沈从文.我上许多课仍然不放下那一本大书［J］.初中生优秀作文,2013(Z3):10.

［26］刘向,皇甫谧,刘晓东.列女传［M］.沈阳:辽宁教育出版社,1998.

［27］徐光启.农政全书校注(上、中、下)［M］.上海:上海古籍出版社,1979.

［28］张春华.沪城岁事衢歌［M］.上海:上海古籍出版社,1989.

［29］宋洪兵.崔寔《政论》与"韩学"研究［J］.徐州工程学院学报(社会科学版),2017,32(2):59-67.

［30］杨志远,彭燕眉.战术学［M］.北京:军事科学出版社,2002.

［31］搜狗百科.http://baike.sogou.com/v511214.htm? fromTitle＝阿波罗11号.

［32］搜狗百科.http://baike.sogou.com/v7562869.htm? fromTitle＝床弩.

［33］孙机,杨萍.中国古代床弩［J］.军事史林,2013(2):57-58.

［34］杨安琪.打造史上首台机器手臂,"机器人之父"恩格伯格逝世［J/OL］.http://technews.cn,2015-12-03.

［35］峰程.智能无人化［EB/OL］.http://blog.sina.com.cn/s/blog_179fa23a50102y1u2.html,2017-11-06.

［36］搜狗百科.http://baike.sogou.com/v115187.htm? fromTitle＝哥伦比亚号.

［37］百度文库.美国航天飞机介绍［DB/OL］.https://wenku.baidu.com/view/20f4f63c0740be1e640e9a31.html,2014-02-28.

［38］搜狗百科.http://baike.sogou.com/v507119.htm? fromTitle = 龙骨水车.

［39］第一文库网.中国传统机械之龙骨水车［DB/OL］.http://www.wenku1.com/news/181C294A66C1D52A.html,2018-1-15.

［40］搜狗百科.http://baike.sogou.com/v678011.htm? fromTitle=连弩.

［41］俞淋宇.中国连发弩——诸葛弩的构造及原理［EB/OL］.http://wenda.chinabaike.com/b/38473/2013/1103/612236.html,2013-11-02.

［42］王金志.中国第一颗氢弹爆炸背后的 10 大秘闻:美国早就知道［EB/OL］. http://mil. news. sina. com. cn/history/2016-01-07/doc-ifxnkkuv4165932.shtml,2016-01-07.

［43］宋炳寰.我国第一颗氢弹研制与试验（上）［J］.百年潮,2017(12):32-43.

［44］何乐."东方红一号"发射回忆［J］.中国国家天文,2017(1):20-21.

［45］胡文媛."东方红一号"解密［J］.国企管理,2017(15):96-99.

［46］王宗洲.欢呼"神舟"五号发射成功［J］.山东人力资源和社会保障,2003(11):41- 41.

［47］范明珠.九天揽胜,中华民族壮美的飞天梦——"神舟五号"成功发射［J］.历史学习,2004(4):34-36.

［48］武轩.解读载人航天器:神舟六号飞船探秘［M］.北京:中国青年出版社,2005.

［49］刘奕平.腾飞的神舟六号［J］.时代教育,2005(29):17.

［50］左璐.京津铁路通道发展对区域经济的影响［D］.北京:北京交通大学,2010.

［51］何宣.京津城际铁路开通［J］.广东交通,2008(4):53-53.

［52］乐毅. 神舟七号载人航天飞行圆满成功［J］. 科学, 2008(6):29.

［53］范登生. 中国航天强国之路［J］. 传承, 2008(17):4-7.

［54］搜狗百科.http://baike.sogou.com/v72333.htm? fromTitle = 斯普特尼克 1 号.

［55］杨政.永生的加加林［J/OL］.http://news.sina.com.cn/w/2003-10-14/1009915431s.shtml,2003-10-14.

194

［56］搜狗百科.http://baike.sogou.com/v68890947.htm？fromTitle＝东方号
飞船.

［57］搜狗百科.http://baike.sogou.com/v4808374.htm？fromTitle＝水排.

［58］百度百科.http://baike.baidu.com/item/汉代水排/2045448？fr＝
aladdin.

［59］互动百科.http://www.baike.com/wiki/水排.

［60］百度文库.古代弹射类武器——投石机［DB/OL］.https://wenku.
baidu.com/view/a7e2481bccbff121dd368381.html,2014-03-04.

［61］搜狗百科.http://baike.sogou.com/v228912.htm？fromTitle＝投石车.

［62］孙晓倩.科普中国——科技创新里程碑［EB/OL］.http://news.
xinhuanet.com/science/2015-10-28/c _ 134758514.htm，2015-10-28/
2017-04-02.

［63］赵焕.新浪汽车［EB/OL］.http://auto.sina.com.cn/news/2004-10-28/
84501.shtml,2004-10-28/2012-08-15.

［64］网易汽车［EB/OL］.http://auto.163.com/13/0313/15/8PS02DI000851-
R1.html,2013-03-13/2014-05-29.

［65］控制工程网［EB/OL］.http://article.cechina.cn/13/0908/06/20130-
908060-314.htm.2013-09-08.

［66］一牛网［EB/OL］.http://bbs.16rd.com/thread-270492-1-1.html,2017-
01-05.

［67］诺曼·麦克雷.《天才的拓荒者——冯·诺依曼传》［M］.范秀华,朱
朝晖,译.上海:上海科技教育出版社,2008.12.

［68］中国历史网.张衡的故事记里鼓车［EB/OL］.http://lishi.zhuixue.net/
m/view.php？aid＝25831,2015-10-25.

［69］360百科［EB/OL］.https://baike.so.com/doc/5917735-6130651.html,
2017-10-24.

［70］学优网［EB/OL］.http://www.gkstk.com/article/wk-78500001041469.
html,2016-09-23.

［71］360百科［EB/OL］.https://baike.so.com/doc/6046879-6259895.html,
2017-10-21.

［72］360 问答［EB/OL］.https：//wenda.so.com/q/1385146605060843,2013-11-21.

［73］360 百科［EB/OL］.https：//baike.so.com/doc/5333723-5569160.html,2016-08-03.

［74］范星宇,刘鹏宇,等.饮酒速度自动调节器［EB/OL］.http：//www.docin.com/p-399703507.html,2012-05-10.

［75］石家庄新闻网［EB/OL］.http：//www.sjzdaily.com.cn/opus/2012-02/21/content_1449998.htm？COLLCC＝364750702&,2012-02-21.

［76］360 百科［EB/OL］.https：//baike.so.com/doc/5354319-5589783.html,2017-03-05.

［77］360 问答［EB/OL］.https：//wenda.so.com/q/1486384485206663,217-02-06.

［78］360 百科［EB/OL］.https：//baike.so.com/doc/5372424-5608356.html,2017-02-26.

［79］千寻生活［EB/OL］.http：//www.orz520.com/a/militery/2018/0104/8590029.html？from＝haosou,2018-01-04.

［80］搜狗百科.http：//baike.sogou.com/v63802106.htm？fromTitle＝扬谷机.

［81］开可.庆祝中国首个航天日:老专家追忆首枚运载火箭研发［EB/OL］.http：//www.china.com.cn/guoqing/2016-04/25/content_38317831.htm,2016-04-25.

［82］万妮丽,崔晓龙.自动化技术在钢铁企业的应用于展望［J］.重型机械科技,2006(4):49-51.

［83］搜狗百科.http：//baike.sogou.com/v536305.htm？fromTitle＝长征一号火箭.